JN090690

文系にもわかる

一気読み! 化学入門

Noriaki Hirayama
平山令明

X-Knowledge

はじめに

普通、学校での勉強というのは、その上の学校に入るための知識の獲得のように思われています。「関ケ原の戦い」があった年を知らなくても、私達が日常の生活に困ることは特にありません。一方、理科で習う多くの事柄は、私達の実生活と密接に関係しています。まずは私達自身が生きて活動していること自体がさまざまな化学反応の結果です。生きるために食べる食べ物は言うに及ばず、病気になった時に使う医薬品、化粧品、台所用品等々、私達の周りにあるおよそありとあらゆる物が化学物質です。従って、私達の大半は化学者でも技術者でもありませんが、これらの化学物質を日常的に取り扱っています。

特に作用の強い化学物質や医薬品については、それを扱うために国家資格のようなものが必要です。ところが私達が日常的に接し、扱う化学物質はその作用が比較的弱いので、消費者である私達にその扱いが任されています。しかし、それらの化学物質は全く安全という訳ではありませんし、それらを効果的に活用・消費するためには少なからず化学的な知識が必要です。化学製品の中には、その取扱いについての説明書きが小さな字で添えられていることがありますが、大抵は十分でなく、またある程度の化学的知識を前提としている場合が少なくありません。食品も紛れもなく化学物質ですが、その扱いに関しては、個々人の常識にまったくゆだねられています。日常的に扱う化学物質の数は年々増加しており、消費者である私達が一昔前よりさらに化学的知識（常識）を持つ必要性は高まっています。一方で、高等学校で文系コースを選ぶ生徒の方がずっと多く、しかも化学は必修科目ではないことから、化学の知識が中学校の理科で習う化学の範囲に留まっている社会人の数はかなり多いようです。文系の大学生も含め、高等学校の時代から化学的知識の系統的な学習をして来なかった社会人が現代的な化学的知識を学ぶ（あるいは学び直す）機会は極めて少ないのも現状です。インターネットには関連する情報が確かに氾濫していますが、そうした情報の真贋を判断するためには、ある程度系統的に学んだ化学の知識が前提になります。

本書は、こうした学習を支援するための１冊として企画されました。本書は中学校で学ぶ理科の範囲の化学から、大学初級で学ぶ化学の一部まで含んでいます。しかし学問的な化学の教科書ではなく、日常的に化学物質を扱う上で必要な化学的知識をまとめてあります。初学者には、やや基礎的（専門的）と思われる内容が一部あるかも知れませんが、そうした基礎的（理論的）な概念は一度習うと色々な現象に応用することができます。断片的な多くの知識より、そこにある原理を習う方が、結局は経済的であり、実際の役に立ちます。本書の中には、少ないながら、かなりの数の化合物についての話が出てきますが、それらを覚える必要はありません。それらの化合物の性質を理解するためにそこで話されるストーリーに注意して下さい。

覚えるのではなく、「化学的にモノを考える」ことができるようにすることが、本書の最も大事な目的です。身の回りにあるさまざまな化学物質を、本書で学んだ考え方を使って、是非見直してみてください。最初の疑問は、「この化学物質とはどんなものなのだろうか」です。次に「この化学物質はどのような働きをするものだろうか」があり、場合によっては「この化学物質は本当に望みの効果を示すのだろうか」という疑問もあるでしょう。そして、少なくとも最後に「この化学物質は安全なのだろうか」という疑問に答えてみて下さい。これらの質問にそれなりの答えが見つかったなら、あなたは必要な化学的知識を立派に得たことになります。また、もし答えが出なかったら、お近くの化学に詳しい人々に疑問を投げて下さい。本書を読めば、そうした人達からの答えを理解する上で必要な知識は既に得られているはずです。

また、本書を読めば分かるとかと思いますが、化学は決してつまらない学問ではありません。むしろ「化学する」ことは、壮大な知的冒険の旅をすることです。その舞台は眼には見えない極微の原子の世界から、際限があるのか分からない広大な宇宙空間まで広がります。また「化学的なモノの考え方」は私達の理解の対象を物質界からさらに精神界にまで深めてくれます。化学者は、化学の知識を磨きながら「賢者の石」探しの旅をしているとも言えるかも知れません。

そうした長い知的な冒険の旅によって得られた化学知識のエッセンスは私達の生活の質(Quality of Life)を高めてくれます。もし本書が皆さんの知的好奇心の満足だけでなく、QOLの向上に貢献できれば、筆者の目的は120%達成できたことになります。

最後に、本書の発案、企画そして制作の過程で、大変お世話になった(株)エクスナレッジの鴨田彩子女史、本のデザインを手がけていただいた鈴木成一そして岩田和美両氏に深く感謝申し上げます。

目次

2章 原子同士が結合するルールとは?

3章 原子、分子同士はどのように作用するのか?

4章 化学反応を支配する大原則とは?

ブックデザイン 鈴木成一デザイン室
印刷 シナノ書籍印刷

序章

化学的モノの見方、考え方とは?

生命現象も含め全宇宙で起こるあらゆる物質現象は、化学物質の実体(モノ)とそれらの変化(コト)によって決まっています。そうした現象はあまりにも多様でかつ複雑に見えますが、実はその根底には基本的に単純な原理があります。その原理を解き明かし、示してくれるのが化学です。

Keyword

- 物質の状態を知る
- 物質の変化=化学反応
- 化学反応を起こすモノ

化学的に見ると身近な「水」は、きわめて特殊な物質

私達が住む世界は、私達も含めさまざまな物質で成り立っています。その中でも私達が日常的に必ず接する物質の1つが水です。

右の景色を見て下さい。これは冬の草津温泉の情景です。この写真の中で、水は異なる3つの形態で写っています。

1つは温泉のお湯である液体の水です。

もう1つは冬に降る雪です。雪は細かい氷ですから、固体です。

さらにもう1つはもうもうと立ち上る湯煙として見える気体の水です。

気体、液体そして固体という見かけはまったく異なる状態ですが、それらがいずれも水であることを私達は知っています。水がこのように気体、液体そして固体というまったく異なる状態で存在する温泉の情景を見ても私達は特段、違和感を感じません。

実は他の物質の性質から考えると、この情景は極めて異様な情景と言えます。

私達が暮らす温度（常温と言います*）では、水はもっぱら液体です。しかしヤカンに入れた水をコンロで熱すれば、液体の水は気体になってヤカンの口から湯気になって出ていきます。また水は冷蔵庫の冷凍室に入れれば凍り、固体の氷になります。

私達にとってこのお馴染みの水の性質は、改めて考えると、他の物質と比較してとても変わった性質です。

例えば、お湯を沸かすために使ったヤカンの材料の１つであるアルミニウムという金属が液体や気体の状態になっていることを、私

* 私たちが普段暮らす環境は「常温・常圧」と言い、常温は15～25 ℃、常圧は1気圧（1013 hPa/ヘクトパスカル）である。

水という物質が気体、液体そして固体の状態で共存する冬の温泉風景。

達が日常的に見ることは、まずあり得ません。しかし、アルミニウムも液体や気体になり得ます。また、私達は意識せずに、常に呼吸しています。大気中には酸素という物質があり、それを体内に入れないと私達は死んでしまいます。この大事な酸素は空気中では気体として存在していますが、私達がそれを気体として実感することはありません。ましてや、液体や固体になった酸素の状態を見ることなどまずありません。

しかし、酸素は液体にも固体にもなり得る物質です。

つまり、水は最も身近にある物質でありながら、他の物質とは際立って異なる性質を持っています。この特異な水の性質こそが生命を育み、維持する上で最も重要な役割を果たします。水がなければ、地球上の生物は存在できません。

従って、私達が生命を考える上で、水の性質を知ることは極めて重要です。そして、この水の特異な性質を解き明かし、私達に教えてくれるのが化学です。

水に油が混じらないことを私達は知っています。水に油を混ぜ、強く掻き混ぜると、いったん混じったように見えますが、すぐに油滴は水面に浮き上がり、油滴同士がくっつき合い、水面に油の膜ができ、やがて水の層と油の層に分かれます。

この現象も水の独特な性質によるものです。**実はこの性質があるからこそ、細胞がつくられ、生物は生命活動を維持できるのです。**

なぜ水は油に混ざらないのか、またこの性質が細胞膜をつくる上で重要である理由も化学は教えてくれます。

油と異なり、食塩は水に入れるとあっという間に溶けます。なぜでしょうか？

水に他の物質が溶けるか溶けないかには、水の化学的性質が深く関わっています。

梅雨のうっとうしい気分を晴らしてくれるアジサイの色は、花が吸い上げる水の化学的性質によって変わります。水が酸性の場合は赤色になり、中性では紫色に、そしてアルカリ性で青色になります。

水が酸性であるかアルカリ性であるかは、水の中に含まれる他の物質の化学的性質*によって決まります。化学の知識があると、どのような物質が水に含まれるとアジサイの花が赤くなるかを知ることができます。

私達人間の体の場合、成人なら体重の60~65%、新生児ではなんと90%余りが水でできています。その水がどういう状態にあるかは生きていく上で、とても大切になります。

体内の水の化学的性質を正常な状態にしておくことは、正常な発

*　171ページ表4-2にそのような物質のリストがあります。

育や健康維持にとても重要であり、異常がある場合には、その状態を検査で知る必要があります。

血液の約90%は水で、水の中に溶け込んださまざまな物質が生命活動を維持・制御します。水にこれらの物質が溶け込まなければ、円滑な生命活動は行えません。

水を加えて分解し、水を除いて結合する

私達は生きていくために食物を体内に取り入れます。3大栄養素として知られる炭水化物、脂質そしてタンパク質はいずれも生命活動に必要な物質ですが、食物中にあるそのままの形では、ヒトの体内では利用できません。

例えば、牛肉を食べた場合、その肉に含まれるタンパク質は牛用のものであって、ヒト用のものではありません。私達は、自分用のタンパク質につくり変える必要があります。

タンパク質は普通100個以上のアミノ酸が連結してできていますが、簡単のために10個のアミノ酸からなるタンパク質を考えてみます。

ヒトのタンパク質でのアミノ酸の並び方がa)であり、対応する牛のタンパク質のアミノ酸の並び方がb)であるとします。

a）A1-A2-A3-A4-A5-A6-A7-A8-A9-A10
b）A3-A9-A8-A4-A5-A6-A7-A1-A2-A10

A1からA10は異なるアミノ酸です。ヒトのタンパク質は異なる20種類のアミノ酸からできています。同じアミノ酸が使われていても並び方が違うタンパク質の性質は違いますので、b)のタンパク質そのものをヒトは利用できません。

そこで、c)のように、まずはタンパク質をアミノ酸にまで、バラバラにする必要があります。

c）　A9　A4　A5　A1　A2　A7　A3　A8　A6　A10

これが、肉を食べて「消化」するということです。

アミノ酸のつながり(-)をバラバラにするということは、アミノ酸の間の化学的なつながりを分解するということです。2つのアミノ酸(A1-A2)のつながりを分解する様子をd)に示します。

d）A1-A2 ＋ 水　→　A1° ＋　A2°

つながっていたA1とA2のアミノ酸が分解されて、A1とA2の単独のアミノ酸に変化します。単独のアミノ酸をA1°およびA2°と表しています。矢印は物質の変化を示します。

この場合、左辺の物質が右辺の物質に変化することを意味します。A1-A2という物質はA1°とA2°からできていますが、A1°やA2°とは異なる物質です。このように**「物質が変化する」ことを化学反応と言います。**

d)の反応はアミノ酸同士のつながり(-)を分解するので、分解反応と言います。機械でいけば、部品に分解することに相当します。

d)の左辺には「水」がありますが、これは反応が起こるためには水が必要であることを意味します。**水がないと、この反応は起こりません。**つまり、水がないとタンパク質の消化ができないということです。

タンパク質が消化できないと私達は普通生きていけません(すべてを点滴注射で補って生きることはできますが)。私達が生きていく上で水はいかに必須の物質であるか、このことだけからも分かると思います。水を付け加えることで分解するので、この反応を**加水分解反応**と言います。

分解してできるアミノ酸には、それ自身が体の中で別の働きを持つものもありますが、タンパク質として働くためには、a)に示したように、ヒトの体内で働けるような特定のアミノ酸配列でつながる必要があります。

つまりd)のような2つのアミノ酸の場合なら、逆の反応、すなわちA1°とA2°のアミノ酸がつながらなければなりません。順序は厳しく決まっているので、A1-A2なら問題ありませんが、A2-A1になると目的の働きをすることができません。

タンパク質中のアミノ酸のつながりの順番は遺伝子のDNA(deoxyribonucleic acid／デオキシリボ核酸)の中に書かれています。問題とするタンパク質をつくるためのDNAの情報が牛とヒトでは異なります。

A1°とA2°がつながってA1-A2になる反応をe)に示します。

e）A1°＋ A2°　→　A1-A2 ＋ 水

左辺の２つのアミノ酸A1°とA2°がつながり、右辺のA1-A2になります。この時に水ができます。別の言い方をすると、A1°とA2°から水を抜き、A1-A2にすることになります。

この観点でこの反応を捉えると脱水反応ということになります。物質がつくられるので、この反応は合成反応です。

つまり**e)の反応は脱水合成という反応です。**またアミノ酸という類似した物質が複数つながったことから、縮合反応という呼び方もします。

さて、d)の分解反応では水が必要でしたが、e)の反応では水が生じることになります。このように水は単に物質を溶かす液体というだけでなく、生物体内で物質を変化させる時、この場合はアミノ酸からタンパク質をつくる時にも生成します。

e)の反応が行われ、例えばa)のような順序でアミノ酸がつながり、やっとヒトが利用できるタンパク質ができます。**タンパク質を分解し、新たに自分で使えるタンパク質につくり変えることは生命活動そのもの**と言えます。

生命活動の過程で、水という単純な物質が極めて重要な役割を果たしているのです。従って、水の化学的挙動を知ることは私達の生命活動を理解する上で極めて重要です。

水が媒介して 生命エネルギーが生まれる

＊1　燃えているアルコール・ランプ。ガラスでできた器具で、下の丸い容器に燃料用アルコールを入れます。昔は、アルコール・ランプは学校の理科の実験によく使われました。

水は単に物質を溶かすだけではありません。

本格的なコーヒー好きの人の中には、サイフォンでコーヒーをいれる人が今でも少なくありません。この時使うのがアルコール・ランプという物です[*1]。

アルコール・ランプに使う燃料用アルコールは、お酒やビールに含まれるエチルアルコールと毒性があり飲むことはできないメチルアルコールの約7:3の混合物です。アルコール・ランプの芯に火をつけると燃料用アルコールが燃えます。その熱を利用してお湯を沸かして、コーヒーをいれます。火が付くと、アルコールは次の式のように、空気中の酸素と反応して、二酸化炭素と水に変化します。

アルコール ＋ 酸素 → 二酸化炭素 ＋ 水 ＋ エネルギー

この化学反応が起こると大量の熱(エネルギー)が放出されます。物が燃えるという現象は私達が身近に見ることのできる化学反応の代表です。

アルコールの代わりにガソリンが燃焼する時に発生するエネルギーを、車輪を回転する動力に変えれば、自動車は動きます。つまり自動車は化学反応を利用して動きます。エネルギーは「何かをすることができる能力」ですので、さまざまな形態で存在します[*2]。

しかし、それらは同じ実体の表現形式が違うだけですので、エネルギーの大きさは1つの単位で表すことができます。例えば重い物を持ち上げるのには、エネルギーが要ります。

物理学では、「地球上で1 kgの物を1 m持ち上げるのに必要なエネルギーは、9.80665ジュール(J)である」とします。重い物を持ち

＊2　位置エネルギー、運動エネルギー、熱エネルギーなどがある。

上げると、「仕事をした！」という実感がありますが、仕事とエネルギーは同じもので、言い方を変えているだけです。

先ほどのアルコール・ランプでお湯を沸かす場合は、燃料用アルコールの燃焼するエネルギーで水を加熱します。燃料用アルコールのエネルギーが水に移動して、水の温度を上げます。つまり温度が上がったとは、エネルギーが増えたことを意味します。

かつて「水1 gを1 ℃上昇させるエネルギーを1カロリー（cal）」としました。calとJの関係は、日本の尺貫法の単位と西洋のヤード・ポンド法の単位の関係のようなものです。実体は同じで、測る目盛りが違うだけです。

実際、1 cal＝4.184 Jです。今後エネルギーの大きさを表す時にはJ（ジュール）を使うことにします。

3大栄養素の1つである炭水化物は私達の体内でやはり燃焼し、私達が生命活動を行うためのエネルギーを与えます。しかし、アルコール・ランプやガソリン自動車とは異なり、エネルギーはすぐさま熱や動力に変わる訳ではありません。

もしそうなら、とても不便です[*1]。体内では、次に示すような化学反応で炭水化物はエネルギーに変わります。

炭水化物 ＋ 酸素 ＋ ADP ＋ リン酸
→ 二酸化炭素 ＋ 水 ＋ ATP

ADPとATPは、それぞれアデノシン二リン酸（adenosine diphosphate）そしてアデノシン三リン酸（adenosine triphosphate）という物質です。生物が炭水化物からエネルギーを取り出すには、酸

＊1　エネルギーをお金に置き換えるとわかりやすい。貯金と同じで、普段の蓄えがないといざ必要なときに足りなくなる。

素以外に、ADPとリン酸という2つの物質が必要になります。

アルコールの燃焼と同様に炭水化物は酸素で燃焼し、二酸化炭素と水になります。しかし、その時に発生するエネルギーは直ちにADPとリン酸をくっつけ、ATPという物質をつくるのに使われます。

つまりATPという物質に燃焼で発生するエネルギーが貯えられる訳です。

炭水化物などの食物を体内で分解することを「消化」と言いますが、炭水化物を消化しても体の中で火が燃える訳ではなく、ATPという物質がつくられるだけです。

このエネルギーは電池よりさらにずっと安定にエネルギーを貯蔵することができます。必要に応じてATPを使いエネルギーを得ることができるため、生物は非常に効率的に生命活動を営むことができます。

化学的に貯えられたエネルギーという意味で、ATPに貯えられるエネルギーのことを「化学エネルギー」と言うことがあります。

生物がATPに貯えられたエネルギーを利用する場合、次のように、ATPを分解してADPとリン酸にし、その時に放出されるエネルギーを使います。[*2]

> **ATP → ADP ＋ リン酸 ＋ エネルギー**

それ以外には何も発生せず、ADPとリン酸は再度ATPを使うために利用されます。

正に理想的なリサイクル・システムです。生命が実際に活動する

＊2 生物体内では食物に含まれるエネルギーをATPという分子にいったん貯蔵してから使う。

上で必須のエネルギーはこのような化学変化によって貯えられ、そして利用されます。

生命活動の仕組み、そして諸々の物質と私達との相互作用を理解するためには、まずは物質の化学的性質とそれらの化学的変化を理解することが前提です。私達が健康で生きていくためには、体の中での化学反応が適切に行われている必要があります。生命活動が素晴らしいのは、そうした反応は私達自身がいちいち意識しなくても、原則として自動的に行われるからです

「生きている」とは化学反応が起こっていること

自動的に行われるため、私達は基本的に「良きに計らえ」という態度でいれば良いのですが、少なくとも水や食べ物は私達が能動的に補給する必要があります。また、何らかの原因で私達が病気になれば、それから回復するために積極的に生命活動に介入する必要があります。

例えば、薬を飲むということです。

すべての薬は、天然由来だろうと人工的に化学合成されたものであろうと、すべて化学物質であり、それらが起こす化学反応によって、病気の原因になる化学反応が変化して、病気の原因や症状を制御するのです。

つまり、化学的な介入によって健康を取り戻すということです。単純な例では、制酸剤で「胸やけ」を治します。いわゆる「胸やけ」の多くは過剰に胃酸が分泌され、胃がむかつくことですが、制酸剤

に含まれる主な成分は、この胃酸を中和して、その刺激をなくすことで症状を改善します。制酸剤の化学的作用で「胸やけ」の症状を改善するのです。

このようにすべての薬は化学的な作用で病気を治しますので、私達が賢く薬を活用するには、薬の化学的な性質や作用について、ある程度理解しておく必要があります。場合によっては「良きに計らえ」と言っていると、症状は進み、とんでもないことが起こります。

高齢者でなくても複数の薬を飲まざるを得ない場合があります。薬は化学物質ですから、同時に複数の薬を飲むと、時として薬同士が化学反応を起こしてしまい、薬になるどころか毒になってしまうことすらあります。

また食品も基本的に化学物質であり、食品の中に含まれる特定の物質が薬と化学反応して、薬の働きを台無しにしてしまうこともあります。化学物質という観点から、食品と薬を区別する理由はありません。

以上は、私達の周りにある化学的な現象のごく一部です。

私達が生きていること自体が化学反応の結果ですから、実は私達は常に化学反応と共にある訳です。私達がより良く生きていくためには、いつでも漫然と「良きに計らえ」と言っているのではなく、森羅万象の中における物質の変化を司る法則性の本質を知ることが必要です。

古くは、物質の変化・変遷に関する本質（法則性）を見極めることはもっぱら哲学者や宗教家の重要な関心事でした。彼らは物質の形態の変遷や性質の変化を支配する法則性を見極めようとしました。それが、私達自身を知ることにつながることを見通していたからです。鋭い観察眼と洞察力を具えた哲学者は、化学の現代的な概念に通じる重要な法則性を、大掛かりな実験などしないで、見抜いていました。しかし、残念ながらそれらの法則性は論理的に整理されたものではないので、分かり難いものでした。

幸い、科学の発展により整備された化学の概念は、論理的に統一されたものであり、誰もが比較的容易に理解できます。化学を学ぶ本来の目的は、万物が生生流転する中でさまざまな物質の働きと変化・変遷を支配する根本的な原理を知ることにあります。

それは、少なくとも物質的レベルで私達自身を知ることにもつながります。さらには私達の精神的な活動、そして「生命（いのち）」とはなにかを考える上で確固たる根拠になる、重要で明確な真理を知ることにもつながります。

やや大上段に振りかぶりましたが、私達の生命を支配する化学の本質について、本書ではなるべく分かりやすく説明しようと思います。

☑ **私達を含むこの世界はさまざまな物質ででき上がっています。それらの物質の実体と変化によって、私達の命を含む森羅万象は決まっています。その基本的なルールを知ることが化学の目的です。実は、水など身近にある単純な物質からもその基本ルールを垣間見ることができます。**

1章

この世界をつくる物質の最小単位とは?

この世界で起こる非常に多様な物質現象の基本は何なのでしょうか？ 1章は、生命現象を引き起こす最も基本的な単位である原子についての紹介です。原子とは一体何なのか、どのような原子があるか、原子はどのような性質を持っているかなどについて説明します。

Keyword

- 原子の構造
- 原子の性質は電子が決める
- 外側の軌道の電子がカギ

あらゆる物質の最小単位は原子という粒子

まず、物質をつくる最も基本的な実体は何かを知る必要があります。

私達が毎日のように使う鉛筆の芯を拡大して見てみましょう。透過型電子顕微鏡を使うと数百万倍にまで拡大することができます。

図1-1に、そのようにして拡大した鉛筆の芯の一部を示します。白い粒子が非常に規則的に配列しています。つまり、鉛筆の芯という物質は、この白い粒子が規則的に集合してできています。その一部をさらに拡大して見たのがその下の図です。

粒子同士の間隔は約140ピコメートル（pm*）です。1 pmは10^{-12} mです。私達の肉眼で識別できる間隔が約0.1 mm=10^{-4} mですから、粒子同士の間隔がいかに小さいかが分かります。

粒子の直径は、ほぼ70 pmということになります。私達の体も含め、すべての物質はこの程度の大きさの粒子が集合することでつくられています。**この粒子のことを原子といいます。**

私達が住むこの世界のあらゆる物質は私達も含めて原子でできていますので、物質とは何かを考える1つの出発点は、原子ということになります。

鉛筆の芯はグラファイト（黒鉛）という物質ですが、グラファイトは1種類の原子からできています。日本語では「鉛（なまり）」という言葉が含まれていますが、グラファイトを構成する原子は鉛ではなく、炭素の原子です。

昔は、鉛筆には鉛が入っているので体に毒だと言われました。鉛

＊　長さの単位で1 pm＝0.000000000001 m（1兆分の1メートル）。人間の髪の毛の直径（50〜70 μm／マイクロメートル）の約100万分の1。

図1-1

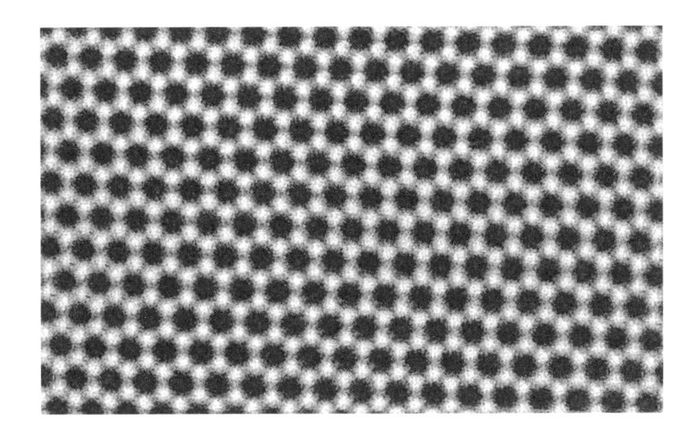

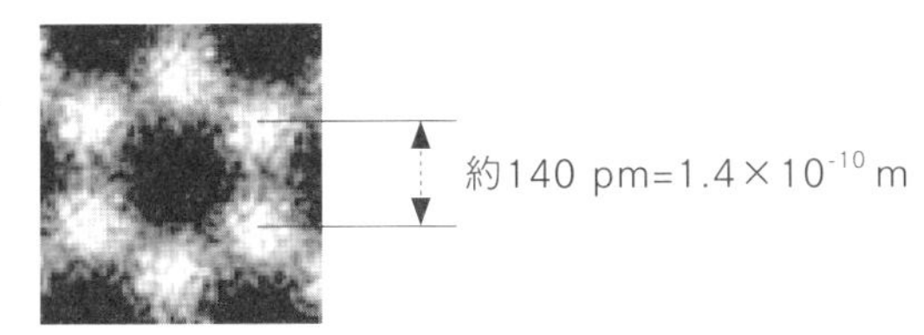

図1-1をさらに拡大して見た様子

筆を舐めるという行為は洋の東西を問わずあるようですが、鉛ではないし、含まれる重金属も安全基準を満たしているので、健康被害は出ません。しかし、不衛生なので、もちろん舐めないに越したことはありません。

図1-1に示す粒子はすべて炭素原子です。鉛筆で書いた細い1本の線の幅に約30万個もの炭素原子が並んでいます。

原子は特定の性質を示す最小の粒子です。現在おおよそ100種類ほどの異なる原子が知られています。

原子はアルファベット1文字ないし2文字からなる原子記号で表示され(炭素原子はCで表されます)、それぞれ異なる個性を持っています。

存在する原子の中で最も小さく、最も単純な原子は水素原子です。まず水素原子の話から始めましょう。

原子の中で最小、
原子番号1の水素原子

水素原子の原子記号はHです。

原子は特定の性質を持った、物質を構成する最小の単位と言いましたが、H原子をさらに細かく見ると、右図のように2つの粒子から成っています。

電子は原子内の特定の領域に存在すると考え、それを表すために図1-2(a)のように原子核の周りに円の軌道（点線で示す）を描き、ちょうど地球の周りを回る月のようにそこを電子が回ると概念的に考えると便利です。

実際には、電子は(b)のように原子核の周りに雲のように存在します。その名も電子雲と言います。

さて原子核という言葉は原子の中心にある粒子一般を指すもので、H原子の場合、原子核は陽子*という1つの粒子からできています。物体が持っている電気の量を**電荷**（でんか）と言いますが、陽子は＋1の電荷を持っています。＋1というのは電荷の量の基本的な最小単位ということです。

一方、電子は陽子と反対に－1の電荷を持っていますので、1つのH原子全体としての電荷は0です。これを電気的に中性になっていると言います。電子はその英語名のelectronの頭文字をとってe、さらにマイナスの電荷を帯びていることからe^-と表記されます。ま

＊ 陽子は「ようこ」ではなく「ようし」と読む。1919年に物理学者E.ラザフォードがα線を窒素原子の核に当てる実験により発見した。

図1-2

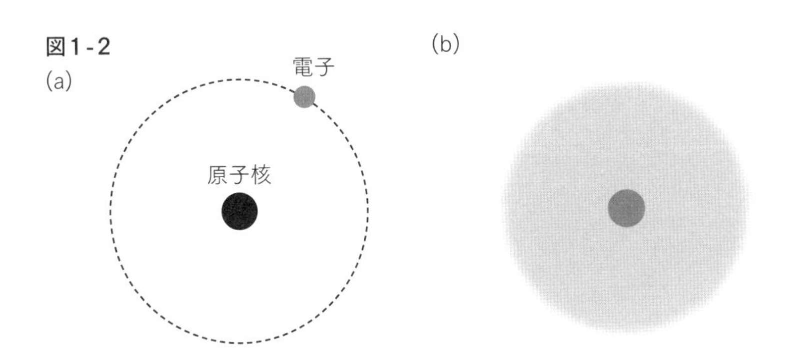

H原子の構造。(a)原子核の周りを回る電子、
実際には(b)のように電子は雲のように原子核の周りに存在する。

た陽子はその英語名のprotonの頭文字をとってpと表記されることがあります。すべての原子は通常は電気的に中性です。

1個のH原子の重さはどのぐらいでしょうか?

陽子1個の重さは1.6726×10^{-24} gです。

電子1個の重さは陽子の約1,800分の1で9.1094×10^{-28} gですので、電子の重さはほぼ無視でき、H原子1個は約1.67×10^{-24} gです。とても小さい数なので、このまま扱うのは面倒です。

そこで化学者は「6.0221367×10^{23} 個の原子を1単位とする」ことを思いつきました(アボカドロ定数*と言う)。そうすると、1単位のH原子の重さは約1 gになるので、私達が扱う日常的な重さの尺度になります。

この1単位はモル(mole)と呼ばれ、molという記号で表されます。**化学では物質の数をmolで表します。**1リットルの体積中に含まれる数であれば、mol/lになります。

*　イタリアの物理学者A.アボカドロが名前の由来。

原子番号2のヘリウムと原子番号6の炭素原子

気球に使うヘリウム・ガスの成分は100%近くがヘリウム(He)原子です。He原子の構造を図1-3(a)に示します。

He原子には電子が2個あります。原子核には2個の電子のマイナス電荷を相殺するように2個の陽子があります。この図ではさらにnという粒子が2個描かれています。このnとは中性子という粒子で、nは英語名のneutronの頭文字をとったものです。中性子は陽子とほとんど同じ質量（1個あたり1.6749×10^{-24}g）を持った粒子ですが、電荷は0であり、従って中性子と呼ばれます。

24ページのグラファイトをつくる炭素（C）原子の構造を(b)に示します。

電子は6個あります。2つの異なる円（軌道）の上に2個と4個の電子がある理由は後で述べます。

原子核の中を見てみましょう。陽子は6個あり、電子6個分のマイナス電荷を相殺できるプラスの電荷があります。従ってC原子も通常は電気的に中性です。中性子は陽子と同数の6個入っています。

以上のように原子の種類が異なると、原子内の電子の数と陽子の数は変化しますが、**中性の状態では電子の数と陽子の数は常に等しくなります。**

また原子核には中性子も含まれます。含まれる中性子の数には幅がありますが、生体内に存在するほとんどの原子中の中性子の数は決まっています。

例えばC原子の場合、中性子の数が5から8個である異なる原子

図1-3

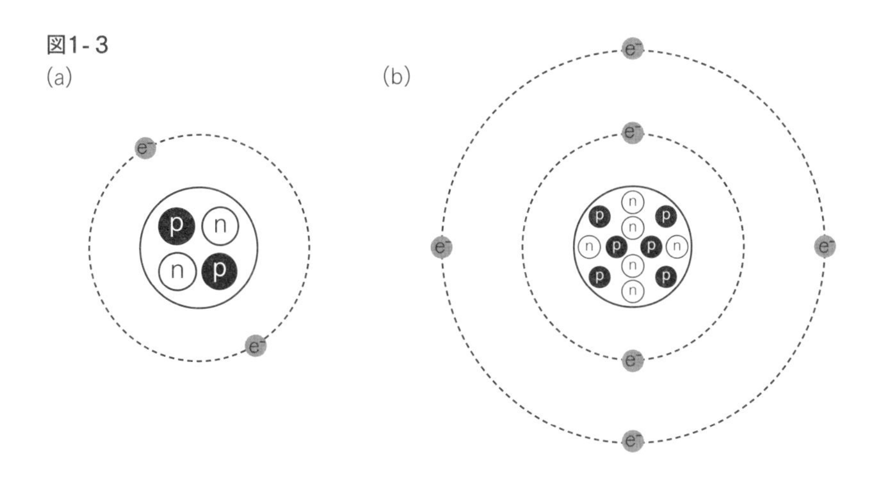

(a) He原子と(b) C原子。中心の原子核は陽子pと中性子nでできている。

核が存在しますが、上図に示す中性子が6個の原子核が存在す割合は98.9%であり、通常は6個の中性子を含むC原子を考えれば十分です。

物質の変化は原子の離散集合によって起こります。つまり化学では原子の離散集合に注目します。原子の離散集合に関わるのは電子と陽子、それも主に電子が関わり、中性子が表舞台に出てくることはほとんどありません。少なくとも生体内で起こる物質の変化に中性子が直接的に関わることはまずありません。

そこで、以下のお話では、自然界で最も存在頻度が高い中性子数を持った原子のみについて考えることにします。C原子であれば、中性子を6個持つ原子です。つまり、以下のお話では中性子の影響をまったく考慮しません。私達が注目すべきは、電子と陽子の挙動です。

異なる原子の中のどの電子も陽子も同じものです（同じ性質を持っています）。**つまり、100種余りある原子のそれぞれの個性は、電子と陽子の数だけで決まっています。**

物質の変化を考える上では原子の中の電子と陽子を考えれば良いと言いましたが、実は陽子もほとんど表舞台には出てきません。強いて言うなら、電子の演ずる舞台を支える黒子の役割を果たします。ということで、**化学における主たる演技者は電子ということです。**

さて、原子核は原子の中心にありますが、その直径は10^{-15}〜10^{-14} mと非常に小さく、その中に陽子と中性子は詰まっています。一方原子の半径は10^{-10} mですので、原子は原子核より10万倍ほど大きいということになります[*1]。

つまり、電子は原子核がある領域よりもずっとずっと広い範囲に分布しているということになります。図1-1で見える原子の粒は、原子核ではなく、電子が存在する領域を見ている訳です。

電子は原子核に比較して極めて広大な空間を自由に動いているのです。

20世紀になってわかった電子の挙動とは

それでは、電子は原子核の周りにどのように存在しているのでしょうか？

複数の電子が原子核の周りにある時、それらの電子はすべて異なる状態にあります。その状態を厳密に理解することに成功したのが、**20世紀前半に確立した量子力学[*2]という物理学の理論です。**

＊1　原子の中の陽子を含む原子核はたいへん小さく、アメリカの物理学者E.O.ローレンスはその比率を「大聖堂の中のハエ」と例えた。

＊2　量子力学は、原子よりさらに小さな粒子の振る舞いを説明する学問。

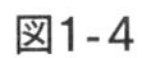

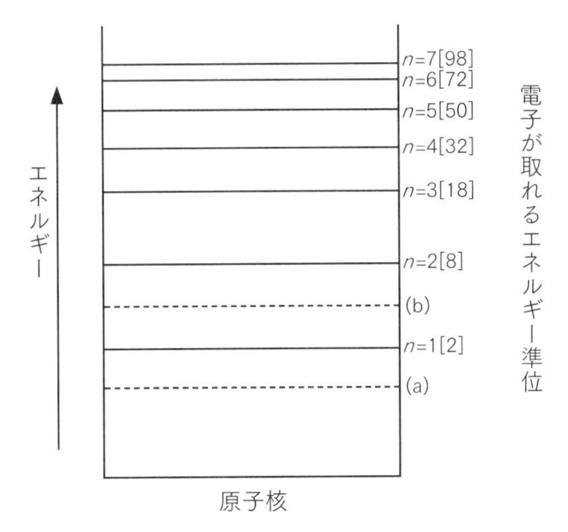

図1-4
原子の中で電子が取り得るエネルギー準位は決まっている。
nは主量子数、[ ]は最大電子数。

この理論は原子レベルの物体の挙動を非常に正確に記述することができます。多くの実験結果によって量子力学の正しさは証明されているだけでなく、私たちが現在日常的に使用している多くの電子機器には量子力学の理論が応用されています。

量子力学によれば、原子内の電子の状態は4つの量によって決まります。それらについて順を追って説明します。図1-4に示すように原子の中で電子が取り得るエネルギーの状態は決まっています。

エネルギーの状態、つまりどの程度エネルギーを持っているかを「エネルギー準位」と言います。図1-4に示すように電子が取り得るエネルギー準位は飛び飛びになっているので、各準位は整数nで表すことができます。(a)や(b)のように、整数nで指定されないエネルギー状態は取れません。

私達の世界で、お金の単位は1円ですので、物の値段も原則1円単位になることと同じです。**「エネルギーが飛び飛びになっている」ことを、「エネルギーが量子化されている」と言います。**これが、量子力学の教える重要な原理です。

図1-4に示すように、準位間のエネルギー差はn=1とn=2の間が最も大きく、準位が上がるほど準位間の間隔は狭くなります。**整数nのことを主量子数と言います。**

原子核に最も近いエネルギー準位（$n=1$）のエネルギーが最も小さく、原子核から遠くなる準位ほどエネルギーは高くなります。

n番目の準位のエネルギーをE_nで表すと、$E_1<E_2<E_3<E_4<E_5<E_6<E_7$になります。

高いエネルギー準位にある電子は、低いエネルギー準位の電子より原子核から遠い所にあるので、電子が存在できる空間がより広くなります。電子が存在できる空間は球殻状になります。**電子が存在する球殻ということから、この領域を電子殻と呼びます。**

複数の電子殻上に電子が分布する様子は、図1-5のようなイメージになります（この場合3つの電子殻があります）。

原子核から最も遠い電子殻（最外殻）は、原子が他の原子などと接触するため、原子の性質を決める上で重要です。

整数nで指定される各電子殻に存在できる最大の電子の数は決まっています。図1-4で[ ]の中に示した数字が各エネルギー準位を取り得る最大の電子数です。

図1-5

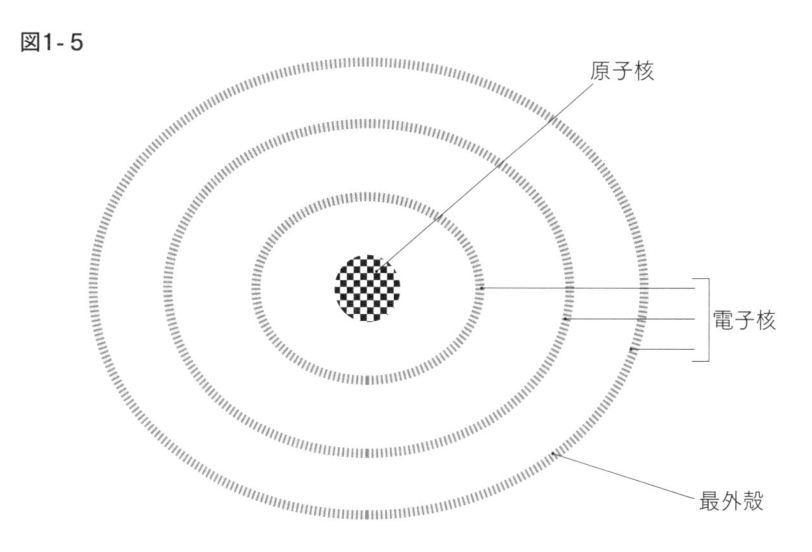

電子は電子殻という領域に存在する。

電子は決まった
軌道上に存在する

各電子殻には複数の電子が存在して、原子核の周りを太陽系の惑星のように回っています。そのイメージから、これらの電子が存在する領域を軌道と呼びます。電子の軌道ですから、**電子軌道**です。

複数の電子が1つの電子殻にある場合、お互いが衝突しないように、複数の電子は異なる軌道上を動きます。とり得る軌道の形は決まっています。

図1-6に主な軌道の形を示しました。(a)は球状の軌道でs軌道と呼ばれます。(b)はダンベル型でp軌道と呼ばれます。(c)はクローバーの葉の形をしていてd軌道と呼ばれます。

これらの軌道の形を指定する量子数を**方位量子数**と呼び、ℓという記号で表すことになっています。ℓと主量子数nの関係は$0 \leq \ell \leq (n-1)$であり、ℓも整数です。$n=1$の場合は、$\ell=0$しか取れず、球状のs軌道のみをとります。

$n=2$の場合は、ℓは0と1を取ることができ、$\ell=0$のs軌道と$\ell=1$のp軌道をとることができます。$n=3$の場合は、sとp軌道に加えて、d軌道も取ることができます。

$n=4$の場合は複雑になり、本書の範囲を越えるので、ここでは触れません。実際、本書での関心の対象である生命現象に関わるほとんどの原子はs軌道とp軌道のみを持つ原子です。

nが2でも3でも、各軌道の形は変わりませんが、軌道の大きさ(占める領域)はnが大きいほど大きくなります。そこで2s、2p、3s、3pそして3dなど主量子数と方位量子数をあわせて軌道と呼ぶのが普通です。

各エネルギー準位のエネルギーの大きさの関係は1s＜2s＜2p＜3s＜3p＜4s＜3d＜4p…になります。同じ主量子数の中ではs＜p＜dという順序になりますが、***n*が大きくなるとエネルギー準位間の間隔が狭くなるので、3d軌道より、4s軌道のエネルギーが低くなります。**

さて図1-6(a)のように、球状のs軌道は立体的に等方的ですが、p軌道は異なります。p軌道の場合、軌道の長軸方向が図1-7のようにx、yそしてz軸方向を向く3つの配向の可能性があります。

従って、方位量子数ℓが1の場合、実際には3つの独立なp軌道が

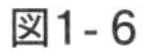

(a)　$\ell=0$　s軌道

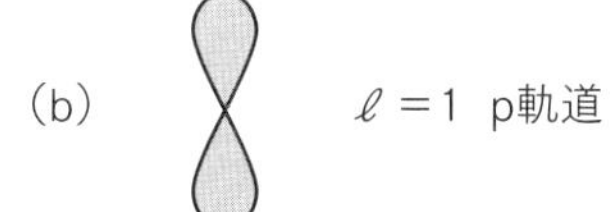

◀図1-5はイメージで実際はこのような形になる。

図1-7

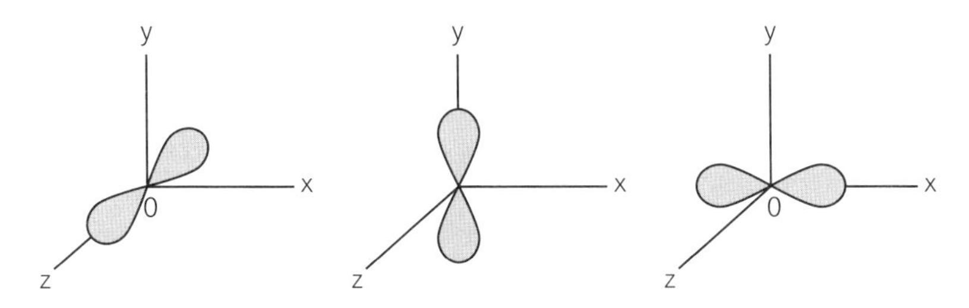

p軌道は3つの異なる方向に配向する。

あるということです。詳細は省きますが、d軌道の場合はこのような方向性を考えると5つの軌道があります。

　このような方向性による量子数を**磁気量子数**と呼び、mで表現します。ℓとmとの関係は$-\ell \leqq m \leqq \ell$です。

　$\ell=0$の球状のs軌道では$m=0$ですが、$\ell=1$のp軌道では$m=-1$、0そして$+1$の3通りを取ることができます。

ここまでをまとめると、電子は主量子数 n、方位量子数 ℓ そして磁気量子数 m という整数によって決定される数の軌道に存在するということです。

それでは何個の電子が各軌道に入れるのでしょうか？

実は電子はスピンという性質を持っています。直観的に分かりやすいように表現すると図1-8に示すように右向きと左向きに自転する性質がスピンであり、右向きか左向きかを指定するのがスピン量子数です。つまり2つの値しか取りません。

同じ向きのスピンを持った電子同士は反発し合い、逆向きのスピンを持った電子は引き付け合い、安定化します。上の質問に対する答えは、「1つの軌道には逆のスピンを持った2個までの電子が入る」です。

長丁場のやや抽象的なお話をして来ましたので、読者の中にはやや疲れてしまった方もおられるかも知れません。そこで、ここからは具体的な原子（中性の原子）について、その中の電子の状態を1つずつ見ていくことにします。

電子が1～6個の
水素、ヘリウム、リチウムおよび炭素

まず水素（H）原子です。

H原子は陽子を1個そして電子を1個持っています。電子は1個しかありませんので、この電子は最も安定な主量子数 $n=1$ のエネルギー準位にあります。

方位量子数 ℓ は $n-1=0$ なので、0になり、球状のs軌道のみを取

図1-8

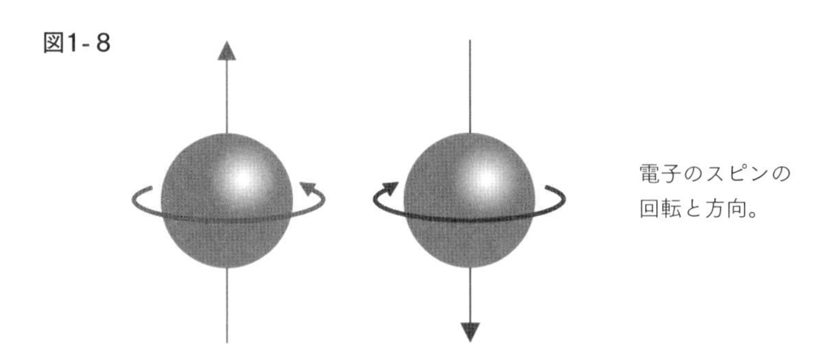

電子のスピンの
回転と方向。

図1-9

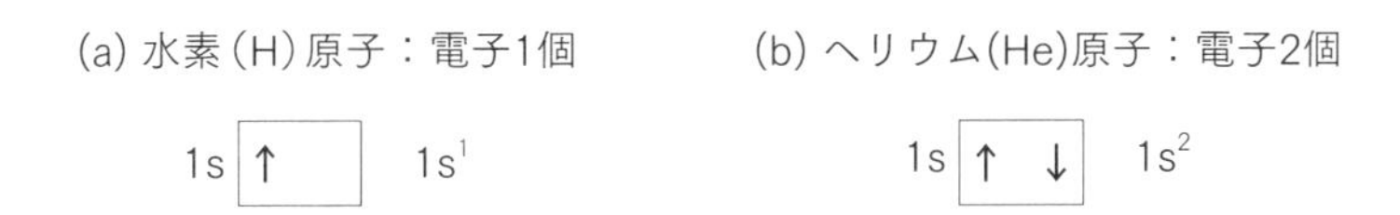

れることになります。s軌道は球状なので、方向性はありません。このs軌道に1個の電子が入ることになります。

電子の軌道を□で、電子のスピンを上下方向の矢印で表せば、H原子中の電子の状態は図1-9(a)のように書けます。□の横に示した$1s^1$は1s軌道に1個の電子が入ることを意味します。

このように表記すると各軌道にどのように電子が入るかを簡単に示せます。

次はヘリウム(He)原子です。

He原子には電子が2個あります。主量子数n=1のエネルギー準位には、最大2個の電子が入ります。n=1ですから、H原子と同様に電子は1s軌道に入ります。しかし同じスピンの電子ではなく、(b)に示すように、スピンが逆の(図では上下逆の2つの矢印)2つの電子が1s軌道に入ります。これでn=1のエネルギー準位に入れる定員数2個が満足されるので、He原子は非常に安定な原子になります。各軌道に入る電子が定員に達すると、その軌道は安定になり、従ってその原子も安定になります。

次にリチウム電池で有名なリチウム(Li)原子中の電子です。

Li原子には3個の電子があります。(c)に示すように、1s軌道に2個の電子が入り、3番目の電子は次にエネルギーが低い2s軌道に入ります。

電子が4および5個ある原子をスキップして、電子を6個持つ炭素(C)原子について、(d)で説明します。

まず2個の電子が1s軌道に入ることは明らかです。さらに2個の電子は2s軌道に入ります。残りの2個の電子は2p軌道に入る訳ですが、等価な2p軌道は3個(図1-7)ありますので、どうすれば良いでしょうか？

3個すべて等価ですので、入れ方を左詰めで行うとすると、(I)と(II)の2通りの可能性があります。2個の電子は、スピンを反対向きにして対をつくり、軌道に入ると安定になるというルールからすれば、(II)になる気がします。しかし現実には(I)です。

電子に限らずすべての物事は可能な限り分散していく強い傾向を持っています。すなわち、3つの2p軌道の1つの軌道に収まるより、同じエネルギー準位であるなら、使える軌道はすべて使おうという傾向です。この話は3章で詳しく述べますが、この傾向は電子に特異的な性質ではなく、すべての現象について言えることです。

いずれにしても、電子は(II)ではなく、迷わず(I)を選択します。左詰めという約束をしなければ、(III)に示すどれでも良いということです。

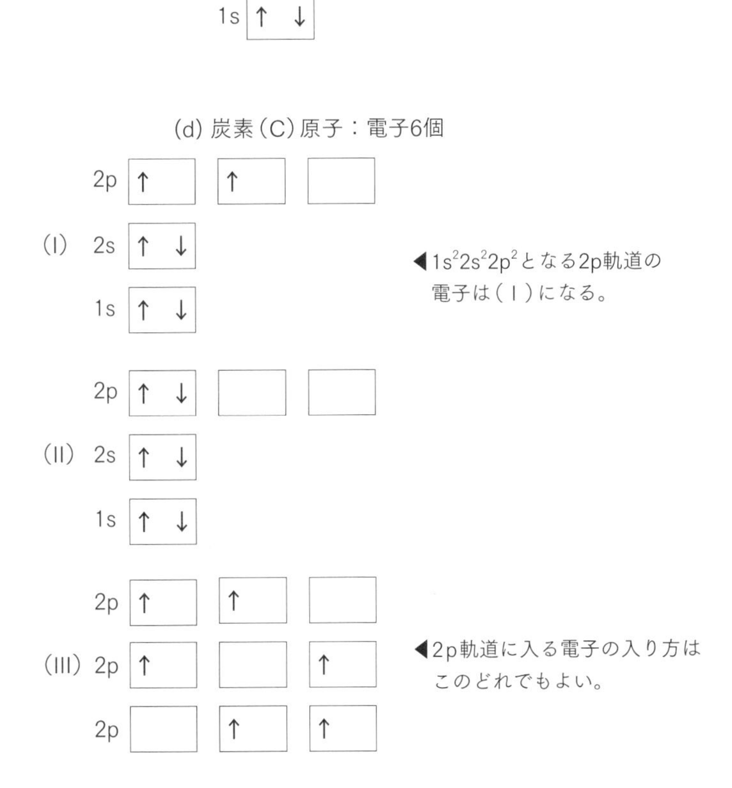

少なくとも電子は、小さい安定など求めず、どんどん発展していきたいという性格を基本的に持っています。この電子の性格については、この後も何度も述べることになります。(I)の2p軌道にある2個の電子は**反対のスピンを持つ電子と対をつくっていないことから不対電子（ふついでんし）と呼ばれます。**

電子が7〜10個の
窒素、酸素、フッ素およびネオン

図1-10(a)に示すように、窒素(N)原子は7個の電子を持ちます。まずは1sおよび2s軌道に2個ずつ入り、これらの軌道が満杯になります。2p軌道に入れる電子は残り3個あります。C原子のところでお話ししたように、電子は対をつくって少しの安定を得るより、同じエネルギー準位にあるなら、**可能な限り広い範囲に分布したい**という性質を持っています。従って(II)の電子配置ではなく、(I)の電子配置を迷わずとります。

酸素(O)原子では、電子がさらに1個増え8個になります。

従って2p軌道に入る電子は4個になり(b)に示すように、スピンの異なる1対の電子は左端の2p軌道に入ります。残りの2個の電子は電子の性質に従って残りの2つの2p軌道に1個ずつ入ります。つまりO原子の2p軌道には不対電子が2個あることになります。

フッ素(F)原子には電子が9個ありますので、電子の性格を考慮すれば、電子配置が(c)のようになることは容易に理解できると思います。

さらに電子が1個増えると、ネオン(Ne)原子になりますが、(d)に示すように、Ne原子ではn=2のエネルギー準位にあるすべての軌道が電子で満杯になります。振り返るとHe原子(図1-9(b))もまったく同じ状況にあります。He原子ではn=1のエネルギー準位のすべての軌道が電子で満杯になります。

定員数の電子がすべて軌道に入ると、その原子は極めて安定になります。

図1-10

(a) 室素(N)原子：電子7個

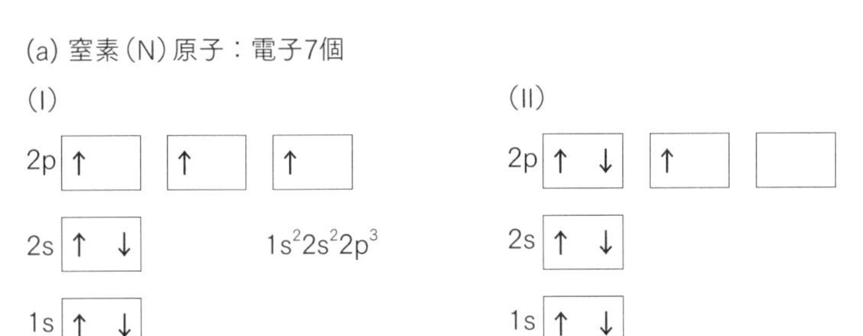

▲不対電子が3個。

(b) 酸素(O)原子：電子8個　(c) フッ素(F)原子：電子9個

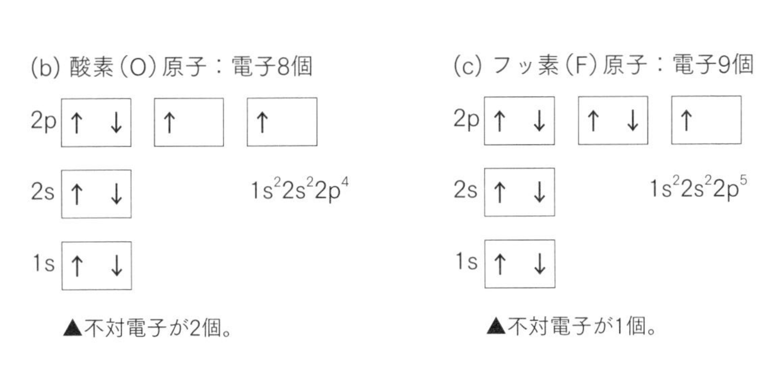

▲不対電子が2個。

▲不対電子が1個。

(d) ネオン(Ne)原子：電子10個

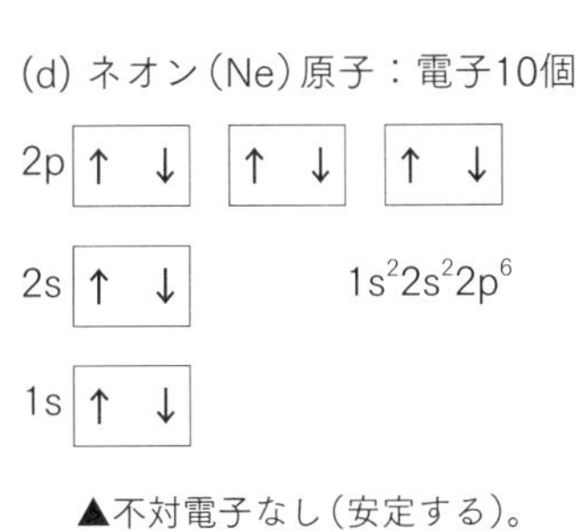

▲不対電子なし(安定する)。

電子が11～17個の
ヘリウム、ナトリウムおよび塩素

ナトリウム(Na)原子は11個の電子を持ちます。

10個の電子で1s、2sおよび2p軌道は満杯になるので、図1-11(a)のように11番目の電子は3s軌道に入ります。少し飛ばして電子を17個持つ塩素(Cl)原子の電子配置を(b)に示します。最も上(外側)の軌道である3p軌道に5個の電子が入ります。4個は2個ずつが反対のスピンを持って対をつくりますが、1個の電子は不対電子として存在します。

さて電子が対になると安定化します。

そのため、不対電子はできたらスピンの向きの異なる電子とペアを組んで安定化したいという気持ちも持っています。ある意味で矛盾しているように見える2つの気持ちを持つのは人間ばかりではなく、電子もそうです。

電子はエネルギー準位の低い軌道から順につまっていきますので、図1-10や図1-11を見れば分かるように、電子が不対電子の状態になるのはほとんど1番上の(その原子で最もエネルギー準位の高い)軌道、つまり**最外軌道**です。最外軌道に不対電子があると、その電子はペアを組む相手の電子を常に探している状態にあります。

つまり積極的に婚活をしているようなもので、周囲の電子を活発に物色しています。

He原子やNe原子は最外軌道の電子が定員に達しており、既にすべての電子が対になっているので、落ち着いています。つまり、これらの原子は安定です。同様に最外軌道が定員に達している原子に

図1-11

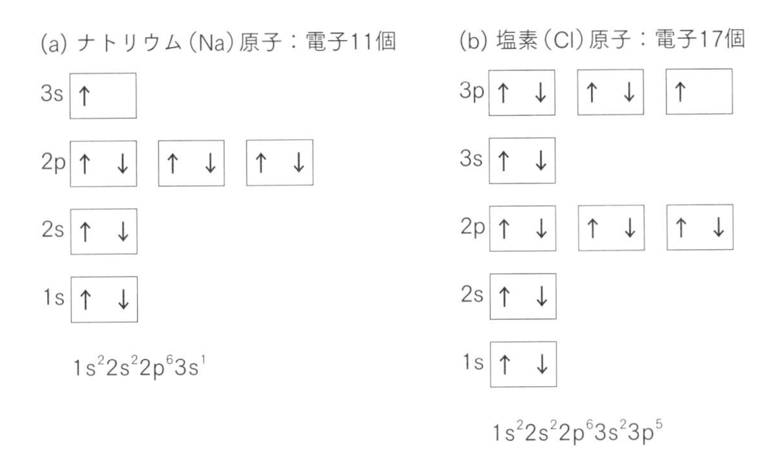

はアルゴン(Ar)、クリプトン(Kr)、キセノン(Xe)などがあります。これらの原子は極めて安定で、他の原子と作用することはほとんどないので、不活性ガスまたは希(貴という字を使うこともあります)ガス原子と呼ばれます。

最も外側の軌道にある電子が重要

H原子では、最外軌道と言っても1s軌道しかありません。1s軌道には2個の電子が対になって入ることができますが、H原子では1個しか入っていないので、不安定です。もともと不安定(落ち着きがない)なので、少しエネルギーを与えてあげると、この電子は原子の外に飛び出していくことが可能です。つまり、容易に電子(e^-)

を失い、H原子は中性ではなく＋1の電荷を帯びた状態になります（図1-12(a)）。

このように電荷を帯びた原子や分子は**イオン**と呼ばれます。

また、プラスおよびマイナスの電荷を帯びたイオンを各々陽（正）イオンおよび陰（負）イオンと呼びます。H原子は容易にH^+陽イオンになり得るということです。

図1-12(b)および(c)に示すようにLiおよびNa原子でも同じことが成立ちます。Li原子の場合は2s軌道から、Na原子の場合には3s軌道からそれぞれ電子が抜け、Li^+およびNa^+イオンになる傾向が強いということです。

それでは最外軌道にある電子はすべて抜けやすいのでしょうか？ホウ素（B）という原子は5個の電子を持ち、図1-13のような電子配置をとります。2p軌道の1つに1個の電子が入ります。この軌道はB原子の最外軌道です。この電子は失われ、B原子は＋1の陽イオンになるのでしょうか？ 2p軌道は3つあり、そのどこにその1個の電子がいても構いません。

図1-13では便宜的に左詰めで書いただけです。別の言い方をすれば、この1個の電子は2個の2p軌道の部屋を自由に使えることができる訳です。分布可能な領域がずっと広くなるため、電子の動き回りたいという欲求は満たされるので、安定になります。

その結果、この電子が原子から離れるエネルギーは大きくなります。つまりイオンにするには大きなエネルギーが必要になります。

従ってB原子はイオンになることは普通ありません。すなわち、最外軌道がp軌道で、そこに1個の電子が存在する場合、この電子は比較的安定にp軌道に分布しますので、電子を失ってその原子が

図1-12

(a) H原子からH^+イオンへ

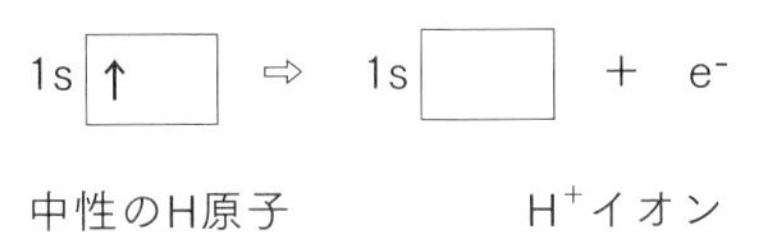

中性のH原子　　H^+イオン

(b) Li原子からLi^+イオンへ

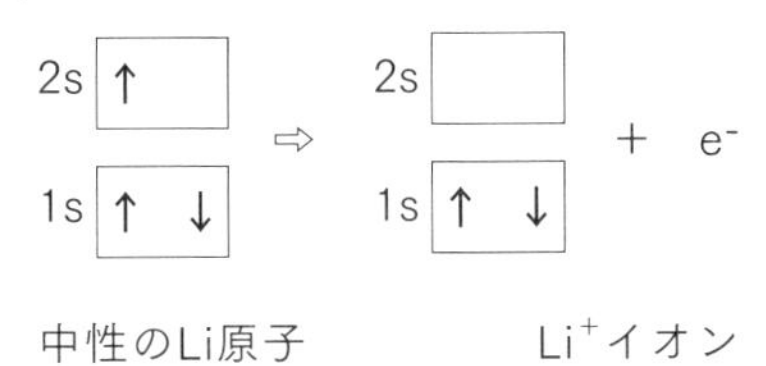

中性のLi原子　　Li^+イオン

(c) ナトリウム(Na)原子からNa^+イオンへ

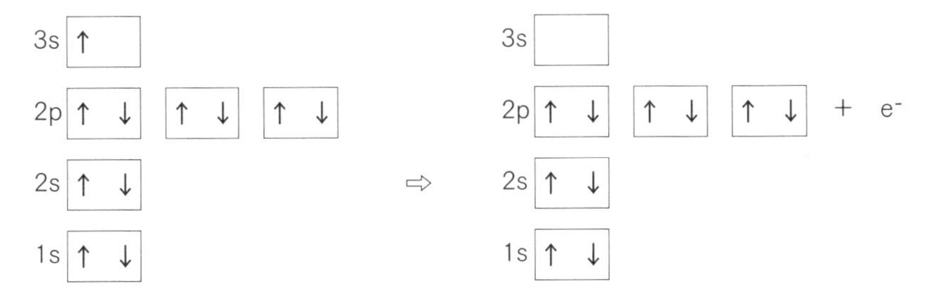

中性のNa原子　　Na^+イオン

図1-13

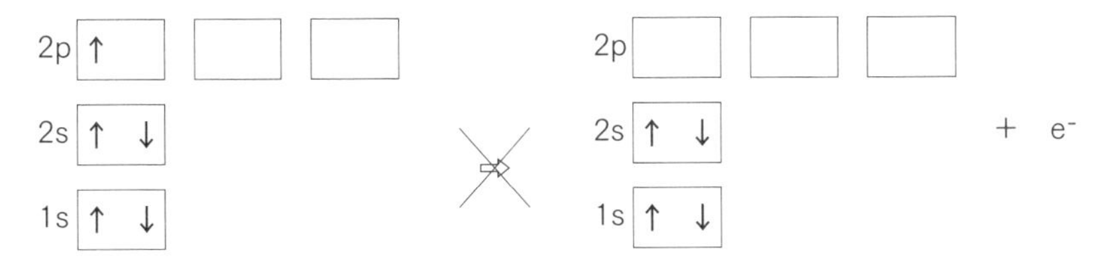

中性のB原子　　B^-イオンにはなり難い

＋1のイオンになることはありません。

それではFやCl原子のように最外軌道のp軌道に5個の電子がある場合はどうでしょうか？

5個の電子はp軌道の中で安定していますが、さらに1個の電子を取り込めればp軌道は満杯になり、最も安定になります。すなわち、図1-14のように外部から電子を取り込む機会が与えられれば、FやCl原子は、最外軌道のp軌道に迷わず電子を取り込み、−1の電荷を持つ陰イオンになります。

陰イオンになることでFおよびCl原子は各々安定なNeおよびAr原子と同じ電子配置になります。

以上のことから、原子が中性で安定であるか、陽イオンや陰イオンになりやすいかはその原子の最外軌道にある電子によって決まることが分かります。最外軌道だけでなく最外殻の電子は原子核から遠い所にあるので、エネルギーが高く、動きやすい性質を持っています。

またp軌道とs軌道のエネルギー差は大きくないので、同じ最外殻にあるs軌道とp軌道の電子はむしろしばしば共同して活発に動くことができます。

これらの電子を、より原子内部にあり安定している電子(内殻電子)と区別して、**価電子**と呼びます。価電子の意味についてはこの後の節で、具体的な例を使い詳しく述べます。

原子記号と共に価電子を点で表示するルイス構造*を用いると、原子の電子状態が一目で分かるので便利です。

図1-15に主な原子のルイス構造を示します。

すでに述べたように、Ne、ArそしてKrは安定な希ガス原子で、

*　アメリカの物理化学者G.N.Lewisが考案した表記方法。

図1-14

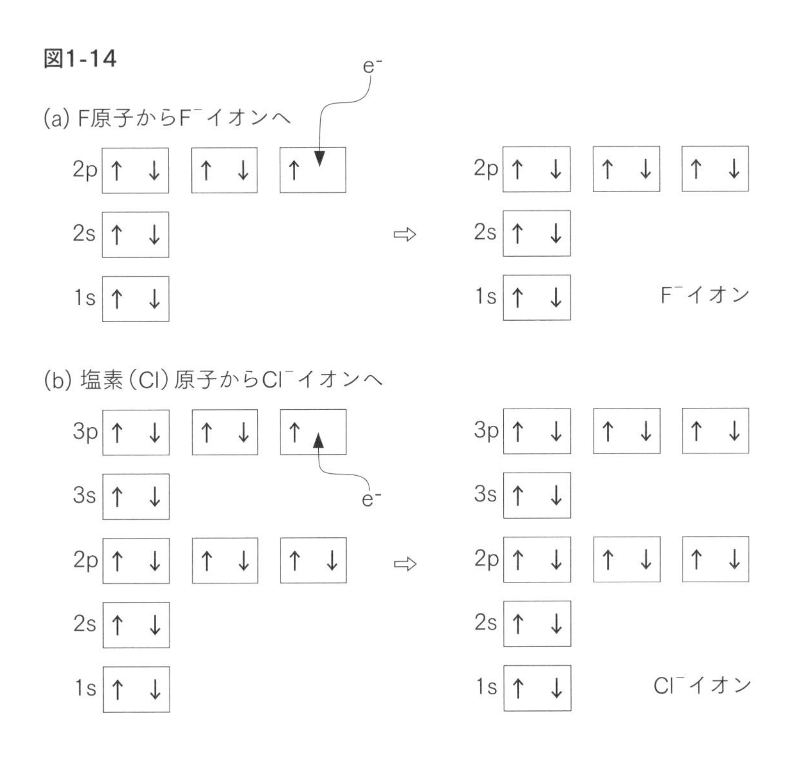

図1-15

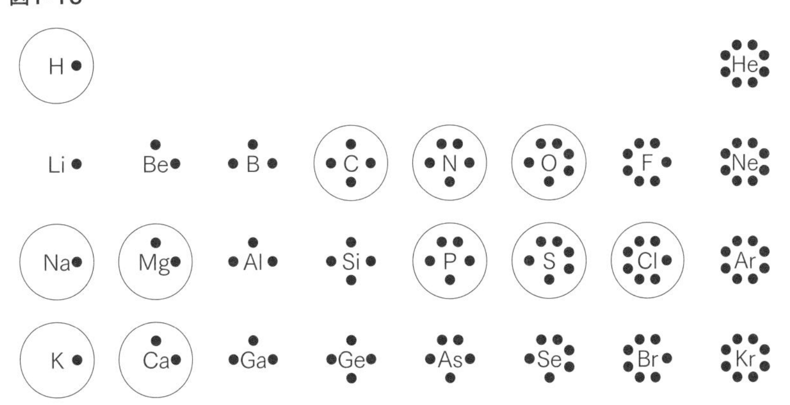

主な原子のルイス構造。●が価電子を表す。

これらの原子の周りには共に8個の価電子があります。価電子が8個であれば、その原子は非常に安定であることがすぐ分かります*。価電子の数が同じ原子は類似した性質を持つと推測できるので、ルイス構造は便利です。

原子の性質は
価電子が教えてくれる

価電子が1個のH、LiおよびNa原子が、その価電子を失って+1のイオンになることをすでにお話ししました。

図1-15にあるカリウム(K)原子の価電子も1個ですからK原子も+1のイオンになる傾向があると予測されます。実際K原子は+1に非常になりやすい性質を持っています。

一方FおよびCl原子の価電子は7個で、価電子が8個になるように、1個の電子を引っ張り込んでそれぞれF^-およびCl^-という陰イオンになるお話をしました。

もしそうなら、図1-15でやはり7個の価電子を持つ臭素(Br)原子も−1になりやすいはずです。予想通りBr原子は実際にBr^-イオンになる傾向を持っています。

イオンになる傾向だけでなく、**価電子の数が同じ原子は類似した化学的性質を持ちます。**

例えば、価電子が4個のC原子、ケイ素(Si)原子そしてゲルマニウム(Ge)原子は似た性質を持っています。また価電子が6個のO原子、硫黄(S)原子およびセレン(Se)原子も似た挙動をとります。結局、原子の化学的性質は価電子の数が判れば、かなり分かると考えても

* 価電子が8個の原子は安定するため、8はラッキーナンバーとされている。

表1-1

原子	原子記号	重量%	原子数の%
酸素	O	65.0	24.0
炭素	C	18.5	12.0
水素	H	10	62.0
窒素	N	3.2	1.1
カルシウム	Ca	1.5	0.22
リン	P	1.0	0.22
カリウム	K	0.4	0.03
硫黄	S	0.3	0.038
ナトリウム	Na	0.2	0.037
塩素	Cl	0.2	0.024
マグネシウム	Mg	0.1	0.015
その他		< 0.1	< 0.3

ヒトの体を構成する主な原子の種類と含まれる割合。
図1-15の価電子に注目すると、それぞれの性質が見えてくる。

良いのです。

表1-1にヒトの体を構成する原子の種類と割合を示します。99.7%以上が図1-15で丸で囲んだ原子です。少なくともこれらの原子の性質は価電子によって決められています。

従って、生体内の物質の働きや変化を理解するためには、これらの原子の価電子の挙動に注目すべきです。現象がどんなに複雑そうに見えても、物質のレベルでは価電子の挙動に究極的に帰着するということです。

つまり、**細かいことを覚える必要はなく、価電子の挙動の原則さえ押さえておけば、物質の性質や変化は理解できるのです。**

化学を苦手としてきた方々は少し安心したでしょうか？

☑ **多様な物質現象の実際の担い手は原子というとても小さい粒子です。原子は原子核と電子から成っていますが、複雑華麗な物質世界をつくる上で最も重要な働きをするのは、電子です。電子が持つ自由闊達でありながら、規律を重んじる性質にこそ、無限の可能性を秘めた物質世界の秘密があります。**

2章

原子同士が結合するルールとは?

1章で物質の最小単位の粒子、原子とはどのようなものであるかを説明しましたが、この約100種類しかない原子から、それを遥かに上回る膨大な物質がつくられるためには、ルールが存在します。化学的に明らかになった、多様な物質と性質を生み出すこれらのルールを知れば、物質世界の本質がおのずと見えてきます。

Keyword

- 結合は電子同士のやりとりで起こる
- 電子は結合して安定したい
- 結合によってできる分子のかたちが重要

原子から分子へ
その成り立ちとルール

もし現在知られている100種類余りの原子のみで物質界が運営されているとすると、この世界は実に単純なものになってしまいます。**この世界を変化に富み、かつダイナミックなものにしているものは分子という実体です。**分子は原子がさまざまに組み合わさってできています。組合せのルールは非常に厳密ですので、そのルールさえ知れば私達は分子の成り立ちやその性質を知ることができます。

さらに単なる理解にとどまらず、そのルールに基づきまったく新しい物質でさえつくり出すことができます。膨大な組合わせが可能ですので、化学が持っている可能性の大きさは計り知れません。

この章では、生物の体の中で働くさまざまな分子を原子からつくり上げるルールについてお話ししたいと思います。

原子が結合して分子へ

まずは最も単純な分子である水素分子 (H_2) についてお話しします。

図2-1(a)に示すようにH原子は1個の価電子を1s軌道に持ちます。この価電子を失えばH^+イオンになることはすでにお話ししました。簡単に失えるということは、この電子は非常に自由に動ける電子であることを意味します。このように自由に動ける電子を持つ２つのH原子は接近すると電子同士の相互作用が生じます。

電子は－1の電荷を持っているので、(b)に示すように電子同士が

図2-1

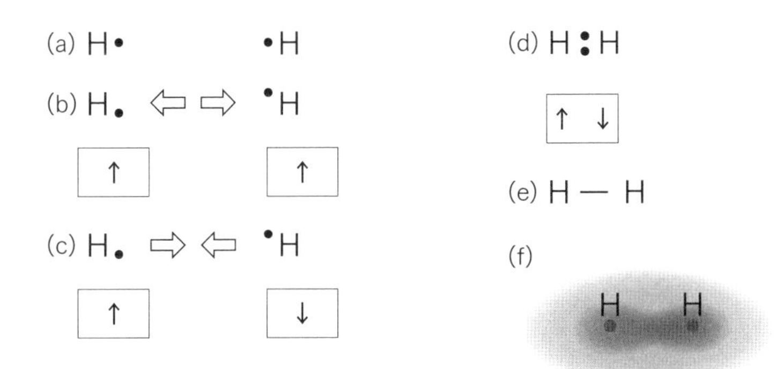

1個の電子しかないH原子は、対になり2つの電子を共有すると安定する。

同じ方向のスピンを持っていると−1の電荷同士による反発で、2つのH原子はある距離以下には絶対に接近できません。

一方、1個しか電子を持たないH原子は常に何とか1s軌道の電子数を2個にして安定化したいと思っています。もし、一方のH原子の電子のスピンが逆になれば、2個の電子は強く引き付け合い、(c)のように2つのH原子は接近して、原子間で2個の電子は対をつくります(d)。電子が対をつくると安定なHe原子の電子配置と同じになるので、2つのH原子は接近した状態で安定に存在することになります。

このようにして2つのH原子が接近して存在する状態をH_2分子と言います。(d)のように2つのH原子が互いの電子を共有して安定化することから、H原子同士を結ぶ実体を考え、それを**共有結合**と呼びます。

共有結合は原子間の線で表し、(e)のように表現されます。

詳しくは述べませんが、共有された電子は個々の1s原子軌道だけに局在するのではなく、2つの1s軌道が重ね合って、分子全体に分子軌道として広く分布することで安定化します。その様子を模式的に示すと(f)のようになります。2個の電子は2つのH原子そして原子間を中心に、2つのH原子周辺に雲のように分布します。

以上のことから推察できると思いますが、**H原子が単独で存在することはむしろ不安定なので、ほとんどありません。**

H原子はすぐH_2分子になるなど他の原子と分子をつくるか、H^+イオンの形で存在します。

原子同士が共有結合すると原子同士はある一定の距離に固定されます。この距離を**結合距離**と言います。

結合距離は、結合をつくる原子の種類と結合の種類によって異なります。またその結合が分子内でどういう環境にあるかによっても微妙に異なります。H_2分子の場合、H－H共有結合距離はほぼ74 pmです。また、H原子が互いに電子を共有して安定化することでH－H結合が形成されます。安定化するとは、よりエネルギー的に安定になることを意味します。

H－H共有結合のエネルギーは約436 kJ/molです。

つまり、2つのH原子が単独である場合より、分子になった方が436 kJ/molだけ安定になるということです*。

別の言い方をすれば、H－Hの結合には436 kJ/molという量の化学エネルギーが貯めこまれるということです。クリーンなエネルギーとして水素ガスを使うことが推奨されていますが、そのエネルギーとはこのH原子間の結合に貯めこまれた結合エネルギーのこと

*　エネルギーは低い方が安定する。この場合、結合がつくられることでエネルギーが低くなる。

図2-2

(a)　(b)　(c)　(d)

F—F

7個の電子を持つF原子は、足りない1個を他と共有して8個にすることで安定する。

です。巻末の付表に、主な原子間の結合距離と結合エネルギーを示します。

H原子は価電子を1個しか持たない原子ですが、価電子が7個あるF原子の場合はどうでしょうか？

F原子の2p軌道はあと1つ電子が入れば完全に満足する状態ですが、1個電子が足りません。1つのF原子が他から電子を1個引っ張ってくるとF原子はF^-イオンになることはすでにお話ししました。

もし2個のF原子が図2-2(a)のように接近したらどうでしょうか？(b)のようにさらに接近して、2つの電子がスピンを逆にして2つのF原子間で共有されれば(c)、各F原子の要求は満たされます。この場合、各F原子の見かけの電子配置はNe原子と同じになり、安定化するからです。

つまり、2つのF原子は単独で存在するより、原子間で共有結合して、(d)のようにF_2分子をつくった方が安定になります。

お互い不足している物を共有すれば、互いの絆が深まるのは、私達人間の社会でもまったく同じです。共有結合のような原子間の結合を**化学結合**(chemical bond)と言います。英語のbondは"絆"という意味でも使われます。

F－Fの結合距離は141 pmで、結合エネルギーは154 kJ/molです。

異なる原子同士の結合とかたち

分子は異なる原子からも、もちろんつくられます。

図2-3(a)にH原子とCl原子を示します。H原子の価電子は1個で、Cl原子の価電子は7個（3s、3p軌道にある電子の数）です。

ここまで読んでこられた読者なら、すぐ察しがつくと思います。

(b)のようにH原子とCl原子が2個の電子を共有すれば、H原子とCl原子は共に安定なHeそしてAr原子の電子配置をとれることになります。

従って、H原子とCl原子が接近すれば、直ちに(b)のように共有結合して、(c)のように安定な分子H－Clをつくります。いちいち原子間の結合を描くのが面倒なので、通常はHClと書きます。言葉で表現すると塩化水素分子です。

H－Clの結合距離は127 pmで、結合エネルギーは427 kJ/molです。

炭素(C)原子を含む分子を大まかに**有機分子**と言います。生命活動は、有機分子が規則的かつ複雑に離散集合することで成り立っています。そうした有機分子の中で最も小さい分子がメタンです。

メタンは天然ガスの成分で、常温では気体の分子です。メタン分子は1つのC原子と4つのHからできています。H原子には1個の価電子があり、C原子には4個の価電子（2sおよび2p軌道にある電子

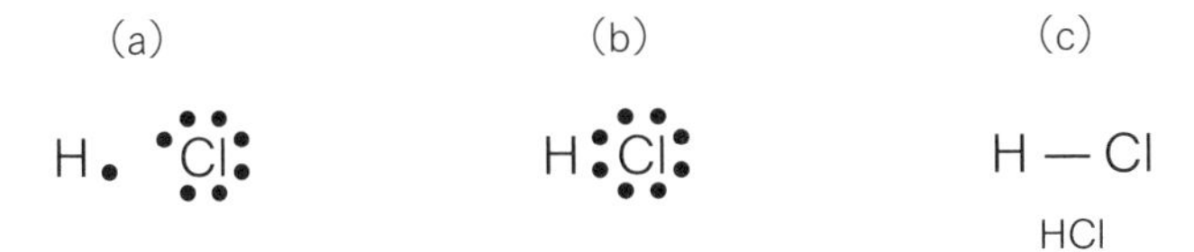

H とCl 原子から塩化水素分子(HCl)ができる。

図2-4

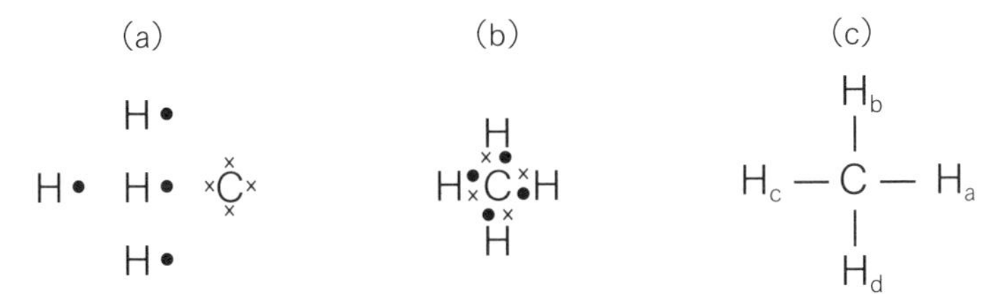

H とC 原子からメタン分子(CH_4)ができる。
(c)は、4つのH 原子を区別するため a〜d の文字を振っている。

の数)があります。

2つのH原子が電子を共有すると、2個のH_2分子ができてしまいますが、今はH原子同士ではなく、H原子とC原子が協力して分子をつくる場合を考えます。図2-4(a)では、価電子の元々の帰属を表すために、C原子の価電子を●の代わりに×で表します。各H原子とC原子が等しく2個の電子を共有するためには(b)のように電子を共有するしかありません。その結果が(b)のメタン分子す。

結合を棒で表すと(c)のようになります。どのC−H結合でも条件は同じですので、まったく等価なはずです。

すべてのC−H結合が等価ということは、すべてのH−C−Hの角度が等しくなることを意味します。**すべてのC−H結合が等価とい**

うことは、C−Hの距離がすべて等しいだけでなく、H−C−Hの角度がすべて等しくなることを意味します。

(c)の構造では、∠H_a−C−H_b、∠H_b−C−H_c、∠H_c−C−H_dおよび∠H_d−C−H_aはすべて90°で等しいのですが、∠H_a−C−H_cおよび∠H_b−C−H_dは180°になってしまい、すべてのH−C−H角が等しくなるという条件は満たされません。

これは、すべての原子が同じ平面に乗っているからです。

(d)のようにC原子が正四面体の中心にあり、4つのH原子がその頂点にあれば、すべてのH−C−H角は109.5°になり、C原子に対してすべてのH原子は等価な位置にあることになります。

この図で、H_bとC原子は1つの平面に乗っていますが、H_aとH_c原子はその平面の裏側にあり、H_dはその平面の手前にあることを示します。

分子の立体構造を表す時、このように結合を**実線**（平面上の結合）、**破線**（平面の下に向く結合）そして太い**楔形の線**（平面から上に向く結合）で区別する方法がよく使われます（分子の化学構造を表記する色々な方法については巻末の補足説明で少し詳しく述べます）。実験でメタン分子の立体構造を調べると正に(e)のような構造をとっていることが確認できます。

つまりメタン分子は(c)に示すような平面的な構造ではなく、(d)に示すような立体的な構造をとっています。

(f)にメタン分子のステレオ図を示します。

左の図を右目で、右の図を左目で見ると(視線を交差して見ると)、立体的なメタン分子が中央に見えるはずです。C−Hの結合距離は110 pmで、結合エネルギーは414 kJ/molです。

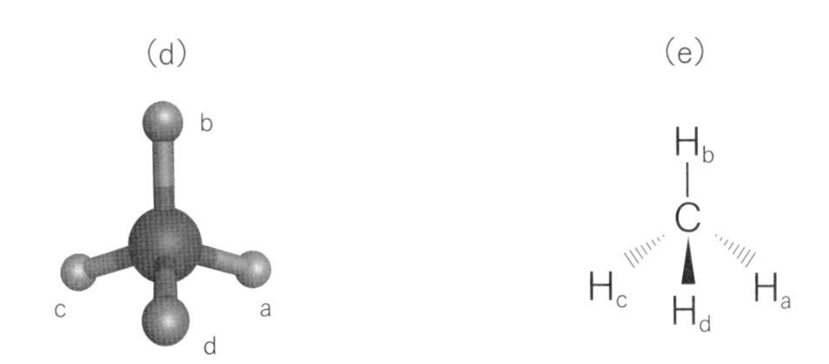

分子の立体構造(d)を平面で表すには、(e)のように描く。
破線は奥、楔形は手前にあることを表す。

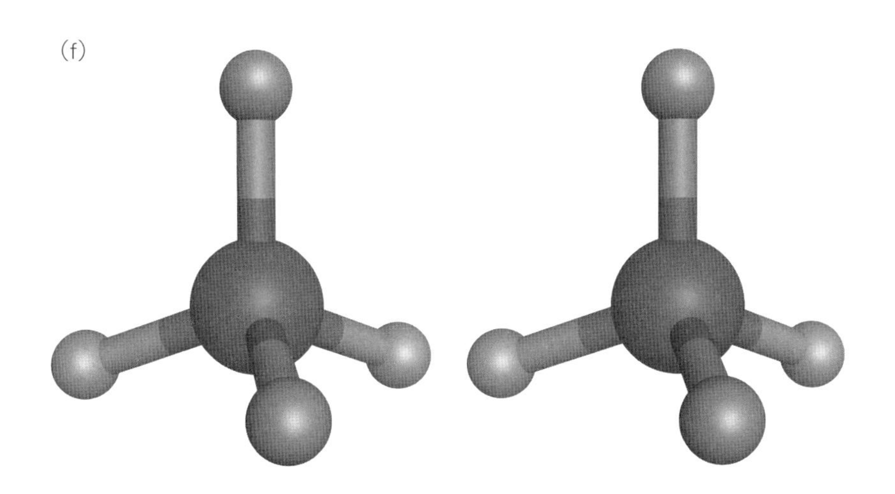

メタン分子に限らず、ほとんどの分子はこのように立体的な構造をしており、平面的な分子はむしろ非常に少ないと言えます。

すべての分子は特定の決まった立体構造をとることで、その分子特有の性質を示します。従って、分子の立体構造が変形したり壊れると、その分子の性質も失われます。

等価な結合をつくる
混成軌道とは

C原子が4つのH原子と等価なC－H結合をつくるという説明に疑問を持った読者はいないでしょうか？

なぜなら、C原子の価電子は4個と言いましたが、その電子は2sと2p軌道からのもので、各軌道のエネルギーは異なりますから（図1-9(d)）、2種類のC－H結合ができそうな気がします。しかし、図2-4(e)に示すように4本の結合は等価であることが実験によって確かめられています。

電子はなるべく広い領域に広がりたいという本質的な性質を持っています。電子のこの性質を少し難しい言葉で、「電子の非局在性」と言います。電子は非局在化するために多少の労なら惜しみません。

図2-5(a)にC原子の外殻電子の配置を示します（1s軌道は内殻電子なので省略しています）。

2s軌道と2p軌道のエネルギー差が小さいこと、2p軌道に広い空き領域があることから、2s軌道で対になって安定化している電子の1つは、エネルギーを使ってでも(b)のように2p軌道に移りたいという気持ちを持っています。

電子の性質から考えると自然なことです。
エネルギーを加えて得られる状態を**励起**（れいき）状態*と言います。それに対して元の状態である(a)を**基底**（きてい）状態と言います。(b)の励起状態では、電子のスピンはすべて同じ方向を向きます。

図2-6で、この状態のC原子にH原子が4つ近づくことを次に考え

＊　外部から与えられたエネルギーによってエネルギーが高くなった状態を励起（れいき）状態と言う。一部の電子は常に励起状態になっている。

図2-5

図2-6

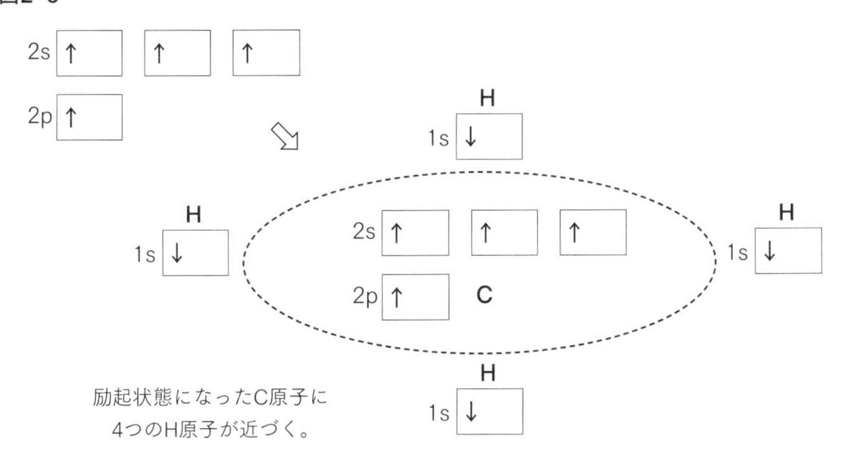

ます。

H原子が近づいてきたことが分かると、C原子の電子はH原子の軌道にも広がりたいと感じます。H原子の電子も同じようにC原子の軌道に広がりたいと思います。

自然界では基本的にすべてが平等です。近づくH原子には当然貴賤がなく、すべて対等です。そこで、これら4つのH原子の電子と平等に付き合うために、C原子の2sと2p軌道が対策を立てます。

図2-7(a)に示すように、2sと2pの軌道を組み合わせて、4つの軌道を用意するのです。

これらの軌道は、1個の2s軌道と3個の2p軌道を使って新たにつくられる軌道なので$2sp^3$軌道と呼びます。また、このように**軌道を混ぜ合わせてできる軌道のことを混成軌道と呼びます。**すなわちこの場合は、$2sp^3$混成軌道になります。

4つの$2sp^3$混成軌道はまったく等価ですから、(b)に示すように4つのH原子からの1s電子と軌道を共有することで、4本の等価なC−H結合をつくります。

つまり、C原子は4つのH原子に対応するように電子の軌道を、軌道の混成という手段を使って変化させ、メタン分子をつくっています。**C原子のこの柔軟性こそが、主にC原子から成り立つ有機分子達によって行われる素晴らしい生命現象の基礎になっています。**

もちろん、さらにその根本にあるのは電子の柔軟な性質です。

つまり2sおよび2p軌道は$2sp^3$混成軌道をつくることができるので、4個の価電子が等価なC−H結合をつくることができるのです。

sp^3混成軌道に慣れるために簡単な分子を見てみましょう。

エタンという分子です。

空気中にはほとんど含まれていませんが、化学工業ではさまざまな化学物質の原料として使われています。

その分子の構造を図2-8(a)に示します。

この分子は2つのC原子と6つのH原子からできています。説明の都合上、2つのC原子をC_1およびC_2とします。

分子をつくる前の各原子の価電子の状態を(b)に示します。すでに述べたように他原子と電子を共有して、H原子は2個の、そして

図2-7

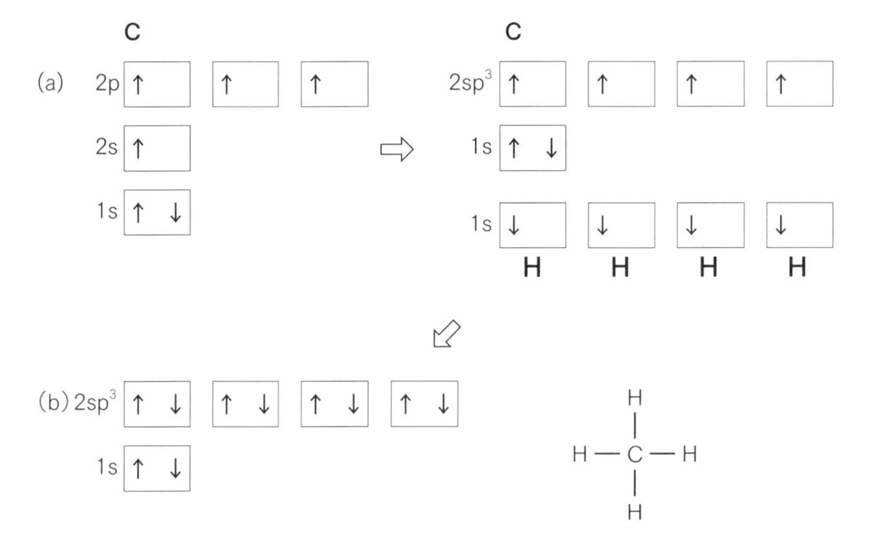

(a) C原子が4つのsp^3混成軌道をつくり、
(b) 4つのH原子と共有結合をつくる。

図2-8

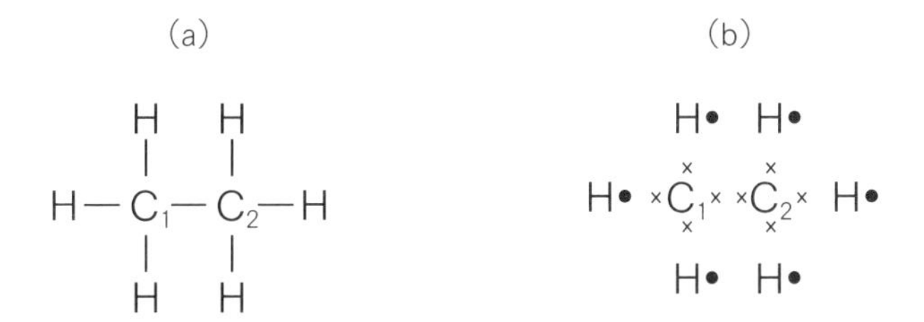

(a) エタン分子の構造と（b）分子をつくる前の各原子の価電子の状態。
C原子の価電子は区別のため×で表している。

C原子は8個の価電子を持てば安定になります。この簡単な規則で原子間の電子を共有させてつくることのできる分子の可能性をチェックしてみましょう。

(c)のようにC_1原子がメタン分子をつくってしまうと、C_2原子の価電子は6個で不完全な状態になってしまいます。

解答は(d)で、上の規則を満たす分子のつくり方はこれしかありません。

2つのC原子は各々4つの原子と結合するため、$2sp_3$混成軌道を使います。従って、エタン分子は平面的な構造ではなく、(e)に示すような立体的な構造をとります。メタン分子ではC原子に4つの同じH原子が結合していましたので、正四面体構造をとっていましたが、エタン分子ではその1つがC原子に置き換わっているために、各C原子周りの構造は正四面体からわずかにずれます。

立体的なエタン分子を化学構造式で描くために、(f)のように結合の表示を変えて表現する工夫がされています。(g)にエタン分子のステレオ図を示します。

C−Cの結合距離は154 pmで、結合エネルギーは346 kJ/molです。

π結合とσ結合から混成軌道をさらに理解する

青いバナナの傍にリンゴを置くと、バナナは早めに熟して黄色になります。これはリンゴから発生するエチレンという気体分子がバナナの成熟を促す植物ホルモンとして働くからです。

エチレン分子自身も甘い香りを持ちます。エチレン分子は、2つ

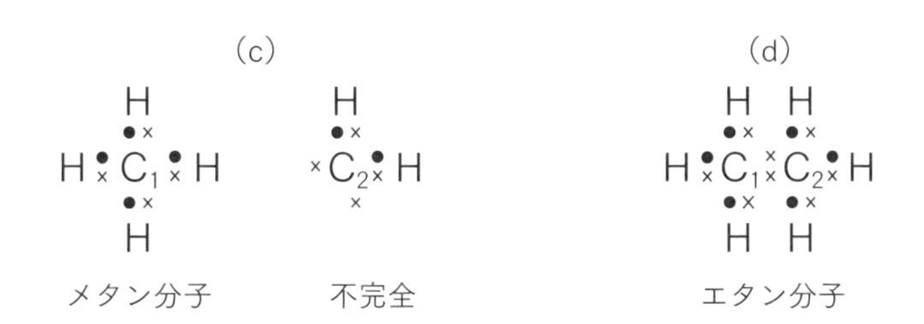

(c)では不完全、(d)のように結合すると安定になる。

(e)エタン分子の立体構造と(f)その構造式

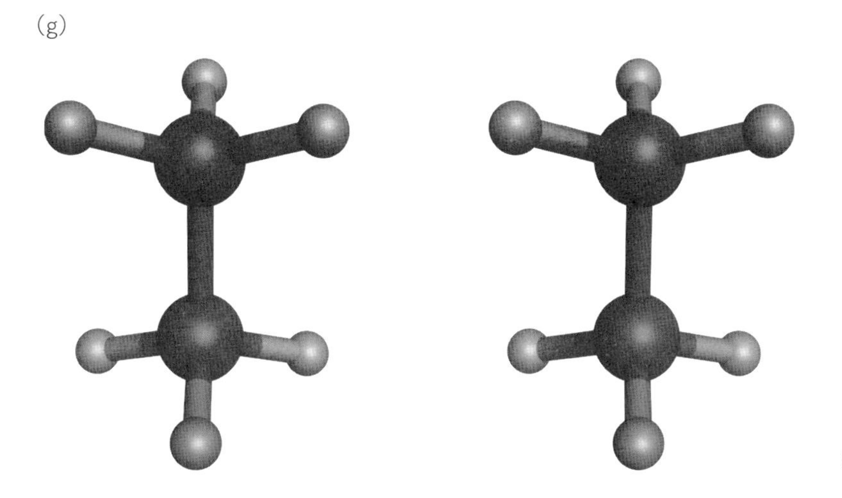

のC原子と4つのH原子からできていることが分かっています（図2-9(a)）。

どのようにC原子とH原子が結合してエチレン分子はできるのでしょうか？

まずは各原子の価電子に注目します。価電子の合計が、C原子では8個、H原子では2個になるように他の原子と電子を共有するようにすればよいのです。

仮に(b)のように1つのC原子に4つのH原子を結合させると、メタン分子はできますが、一方のC原子が裸のままで残ってしまいます。また、C原子もH原子も皆平等なので、(c)のように片方だけにH原子が偏る理由はありません。さらに自然は基本的に高い対称性を好みますので、このような状態にはなり難いと想像できます。

それでは(d)のような配置ならどうでしょうか？

各C原子は2つのH原子と電子を共有し、もう1つのC原子とも電子を共有できる配置です。形は対称的で良さそうです。しかし、H原子の価電子数は2個になり満足されますが、C原子では価電子が7個で1個足りません。

それでは、(e)のように、1個の不対電子をさらにC原子間で共有したらどうなるでしょうか？

こうすると、2つのC原子の価電子数は8個になり、すべて満足な状態になります。実はエチレン分子はこのような電子配置を持っています。

エチレン分子のこのような電子配置も混成軌道をつくることで実現できます。

すでに見たようにC原子の2s軌道の1個の電子は空いている2p軌

図2-9

(a)

◀エチレン分子C_2H_4の
価電子。

(b)

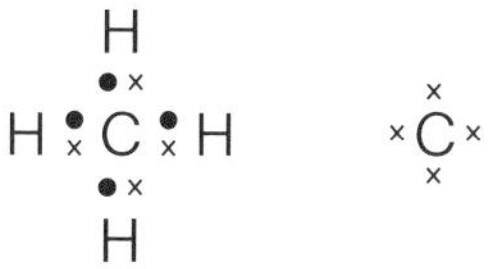

メタン分子

◀メタン分子CH_4ができるが
C原子が余る。

(c)

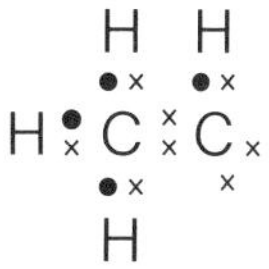

◀片方のC原子の価電子は6個で
満足されず、非対称。

(d)

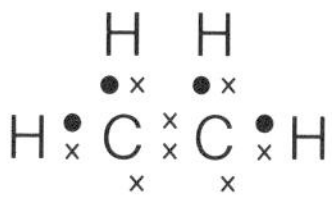

◀C原子の価電子は7個で
満足されない。

(e)

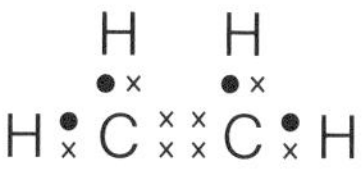

◀価電子はC原子で8個、そして
H原子では2個になり
すべて満足する。

道に移りやすい性質を持っています（図2-10 (a)）。

以下、1つのC原子の電子配置に注目して、エチレン分子の成り立ちについて考えてみます。その1つのC原子に、2つのH原子ともう1つのC原子、合計3原子が接近します。接近により互いの電子配置は刺激されます。H原子は変わりようがありませんが、C原子の外殻電子である2sおよび2p軌道の電子はその影響を受け、(b)のように、2sと2個の2p軌道が混成し、3つの$2sp^2$混成軌道がつくられます。z方向にある1つの2p軌道はそのままです（混成に参加しません）。

3つの$2sp^2$混成軌道の電子は2つのH原子の1s軌道電子ともう1つのC原子の$2sp^2$混成軌道の電子と、スピンが対になるように共有して(c)、(c)の下の図のように共有結合をつくります。

2つのC原子の$2p_z$軌道に残った電子もぼんやりしていないで、対になり、(d)のようにC－C間にもう1本の結合をつくります。

この図に示すように、**$2p_z$軌道のエネルギーは$2sp^2$軌道のエネルギーより高いので、出来上がる結合のエネルギーも高くなります。**

つまり(d)に示したC－C間の2本の結合の性質は異なります。$2sp^2$混成軌道を使ってつくられる結合をσ（シグマ）結合、$2p_z$軌道を使って作られる結合をπ（パイ）結合と呼びます。さらにσ結合に関与する電子をσ電子、π結合に関与する電子をπ電子と呼びます*。

C－H結合はすべてσ結合です。等価な3つの$2sp^2$軌道をまったく等価に空間的に配置するには、(e)に示すようにC原子を中心に置いた三角形の頂点方向に各$2sp^2$軌道が向けば良いことになります。この図ではC原子のsp^2混成軌道を植物の葉のような形で、電子を小さい黒丸で示しました。この表現法は電子の軌道を表すためによ

＊　ギリシャ文字でσ（シグマ）は英語のアルファベットのs、π（パイ）はpに対応し、それぞれs軌道、p軌道を意味している。

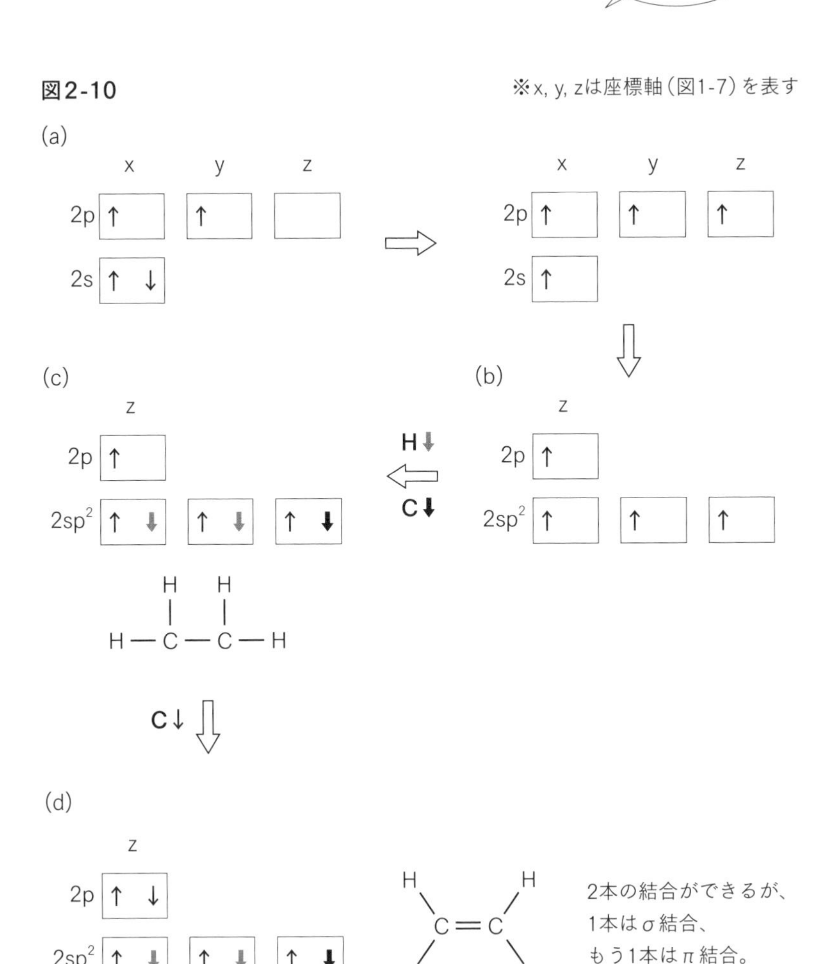
図2-10
※x, y, zは座標軸（図1-7）を表す
(a)
x
y
z
2p
2s
(b)
z
2p
$2sp^2$
H
C
(c)
z
2p
$2sp^2$
H
H
H
C
C
H
C
(d)
z
2p
$2sp^2$
H
H
C
C
H
H
2本の結合ができるが、
1本はσ結合、
もう1本はπ結合。

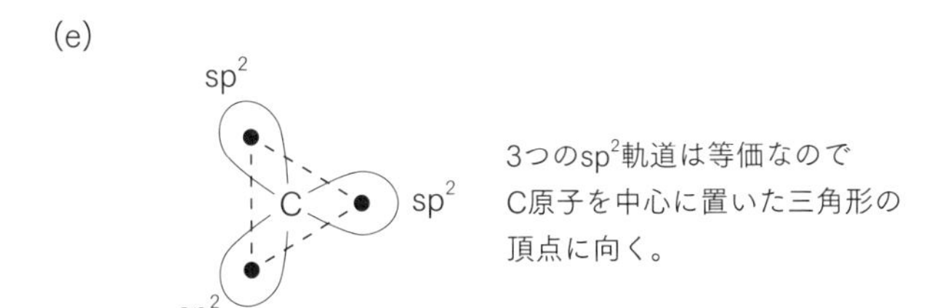
(e)
sp^2
C
sp^2
sp^2
3つのsp^2軌道は等価なので
C原子を中心に置いた三角形の
頂点に向く。

く使われます。3つの$2sp^2$軌道は(e)に示す三角形平面上に乗ります。

$2sp^2$軌道は、2s軌道と$2p_x$および$2p_y$軌道との混成ですから、xy平面上に軌道は広がります。エチレン分子全体では、σ電子が関与するσ結合は(f)のようになります。H原子の1s軌道は円で示しています。

それでは2つのC原子の$2p_z$軌道からつくられるπ結合の電子はどこにあるのでしょうか？

もし(f)の構造で2つのC原子を結ぶ直線上にπ電子も分布すると、σ電子と衝突してしまいます。そこで、π電子はこの分子の面の上下のかなり広い空間に図2-12のように分布します。雲のように分子の平面の上下に広がっているのが、π電子です。

この図は分子軌道法という計算手法で求めたπ電子の実際の分布を示しています。

このようにπ電子は分子の外側に大きく露出するために、別の原子や分子と容易に接触することができます。

つまり、化学反応性が高い電子です。

普通、エチレン分子は図2-10(d)の右の図のように描かれ、C原子間の2本の結合、すなわち二重結合は区別のつかない線で表示されますが、**2本の結合を形成する電子の性質は大きく異なります。**

二重結合では2本の結合でC原子を引き付けるので、C−C単結合の場合より、結合距離は短くなります。1本でなく、2本のスプリングで2つの物体を引き付けることとまったく同じです。

すなわちC＝Cの結合距離は134 pmになり、C−C単結合より20 pm余りも短くなります。2本のスプリングでつなげば、それだけ強く引っ張ることができますので、当然その結合エネルギーは大きく

(f)

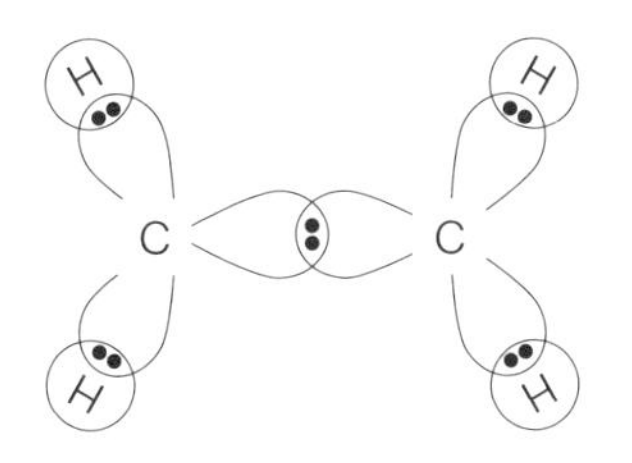

エチレン分子におけるσ電子の分布は平面上に広がる。

図2-12

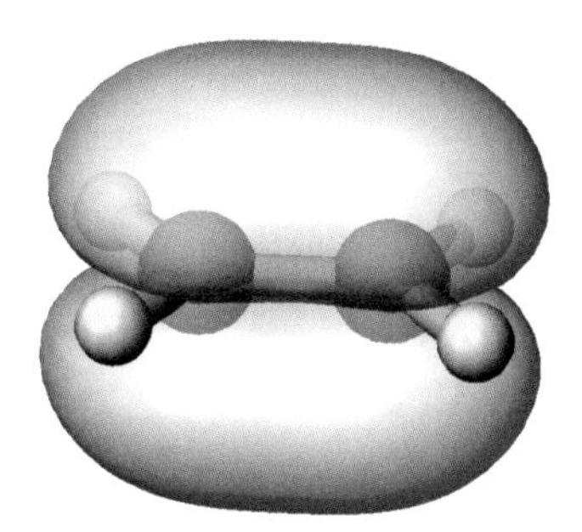

エチレン分子におけるπ電子の分布は上下に広がる。

なります。

実際、C＝C結合の結合エネルギーは620 kJ/molであり、C−C結合のエネルギーより倍近く高くなっています。二重結合はエネルギーに富んでいます。

金属を溶接するために使われる酸素アセチレン・ガスに含まれるアセチレン分子は図2-13(a)に示すように2つのC原子と2つのH原子からつくられます。

繰り返しになりますが、C原子の見かけの価電子数が合計8個、そしてH原子の見かけの価電子数合計が2個になるように原子同士を結合させれば良い訳です。

まず(b)のように、C原子とH原子が電子を共有してσ結合をつくります。すると、各C原子上には2個の不対電子が残ります。2重結合をつくった時のようにC原子間でこの不対電子を共有して結合をつくると、エチレン分子の場合より結合が1本増えて、(c)に示すように三重結合ができます。

この状態になれば、各原子の価電子数はすべて満足の状態になり、安定になるはずです。実際アセチレン分子では(d)に示すようにC原子間が三重結合になります。アセチレン分子でも混成軌道が使われます。図2-14(a)に示すようにC原子の2s軌道の電子は容易に励起され、2p軌道で空いている軌道に入ります。このC原子の電子配置は、1つのH原子と1つのC原子が接近すると影響を受け、1つの2p軌道と1つの2s軌道が混成して、2つの2sp軌道ができます。2つの2p軌道（yとz）には電子が残ります(b)。

2sp軌道の電子と、1つのH原子の1s軌道の電子およびC原子の2sp軌道の電子が(c)のように対をつくり、共有結合（σ結合）をつくります。分子の骨格は(c)の下のように、直線状になります。エチレン分子の場合と同じように、C原子上の残った2p軌道の電子同士は対をつくり、2本のπ結合を形成し、(d)のように三重結合ができます。

図2-13

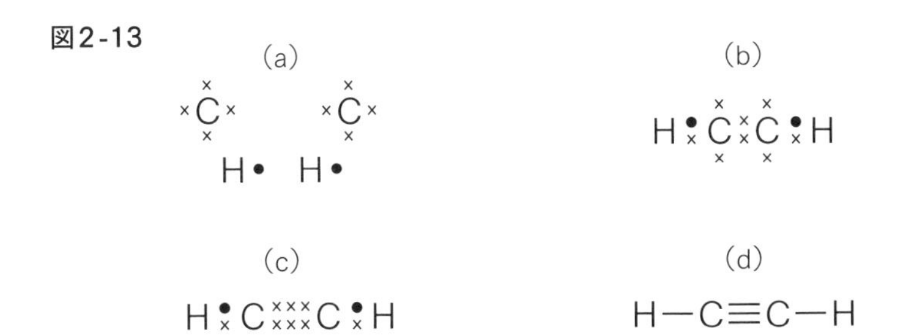

価電子で考えるアセチレン分子C_2H_2

図2-14

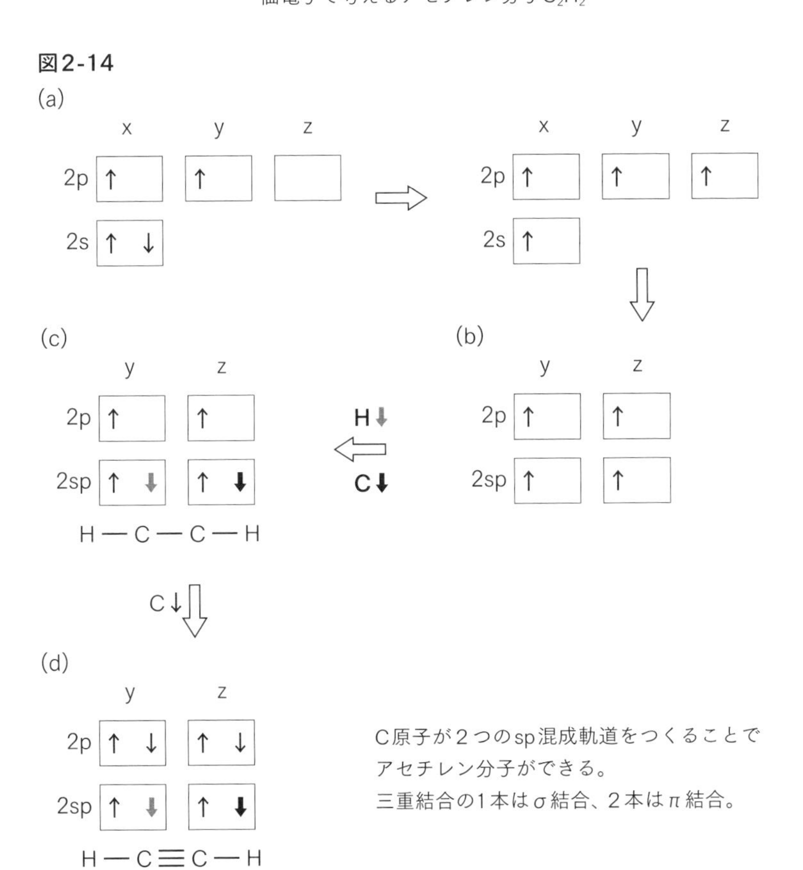

C原子が２つのsp混成軌道をつくることで
アセチレン分子ができる。
三重結合の1本はσ結合、２本はπ結合。

しかし、電子同士の衝突が起こってしまうので、このπ結合はC－C線上にはできません。2つのπ軌道は(e)に示すように、互いに直交して、かつσ結合に重ならないように分布します。

その結果、ちょうどC－C結合の周りをπ電子がぐるっと囲むようになります。このようにπ電子が分子の外側に大きく露出するので、アセチレンはエチレンよりさらに他の原子や分子と接触しやすくなります。

アセチレン分子では、2つのC原子が3本の結合で引き付けられるので、C原子間の距離はエチレンの場合よりさらに短くなり、120 pmになります。

当然、結合エネルギーもずっと高くなり、812 kJ/molになります。三重結合はエネルギーの高い結合です。

等価な混成軌道による分子のかたち

私達に最も身近な分子である**水分子**(H_2O)は、1つのO原子と2つのH原子からできています。

O原子の価電子とH原子の価電子を図2-15(a)に示します。O原子も$2sp^3$混成軌道をとります(b)。2つの$2sp^3$混成軌道にはH原子の電子が対になって入ります。

左側にある2個の電子対は、**基本的に他の原子との共有結合に参加できないので、非共有電子対と呼びます。**共有結合には参加できませんが、2個も電子があるので、非共有電子対は他の原子や分子と積極的に相互作用します。このことはまた後でお話しします。

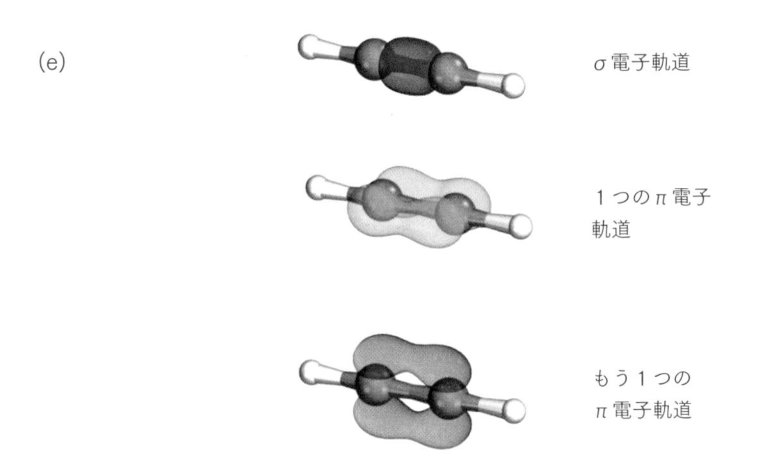

アセチレンの三重結合はσ結合に重ならないように、π結合が分布する。

図2-15

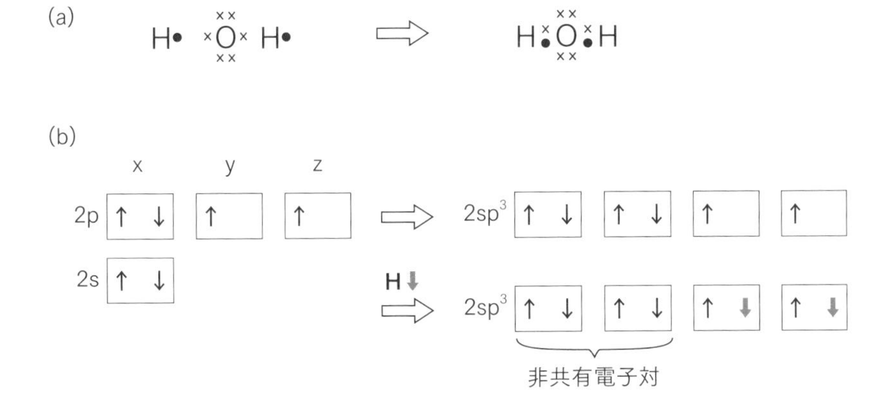

(c)のように、O原子を中心に持った四面体の頂点に向くように2個の非共有電子対と2個の電子は配置します。

そして、$2sp^3$混成軌道の2個の電子と2つのH原子の1s軌道の電子が共有されて、2本のO－H結合をつくります。O－H結合と非共有電子対は異なる性質を持つので、H－O－H角は104.5°と正四面体角より少し小さくなります。

水分子の構造を(d)のように書くと分子はあたかも平面のようですが、非共有電子対はH－O－H平面の前後に突き出るように分布します(e)。現実的な水分子を描くと(f)のようになります。

O原子のところが大きく立体的に膨らんでいますが、これは非共有電子対が空間に分布する様子を示しています。

このような立体的な構造が水分子の特異な性質を決定します。

水分子中のO－H結合の結合距離は94 pmで、結合1本当たりの結合エネルギーは460 kJ/molです。

あまり掃除が行き届いていないトイレに入ると「ツン」とした刺激臭を感じることがあります。この臭いの主な原因はアンモニアです。

アンモニア分子(NH_3)は1つのN原子と3つのH原子から成ります。

N原子は図2-16(a)に示すように、電子を共有して3本のN－H結合をつくり、1個の非共有電子対を持ちます。詳しい話は省きますが、N原子も$2sp^3$混成軌道をつくり、それを利用してN－H結合をつくるので、N原子を中心に持つほぼ正四面体の頂点方向にH原子と非共有電子対が向きます(b)。

非共有電子対はN原子から突き出すので、他の原子や分子との相互作用を起こしやすく、アンモニア分子の高い反応性の原因になっ

(c)

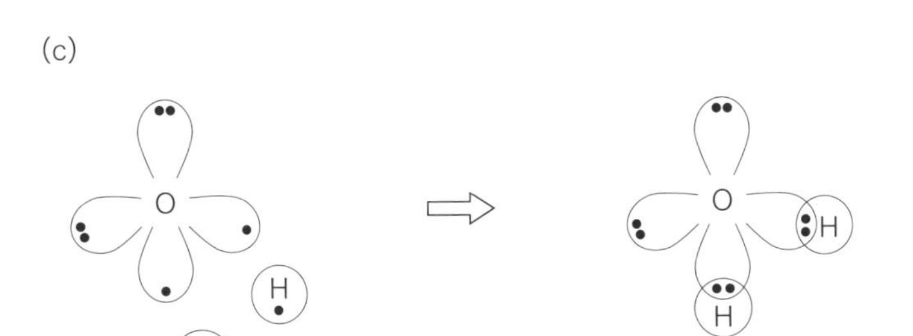

(d) (e) (f)

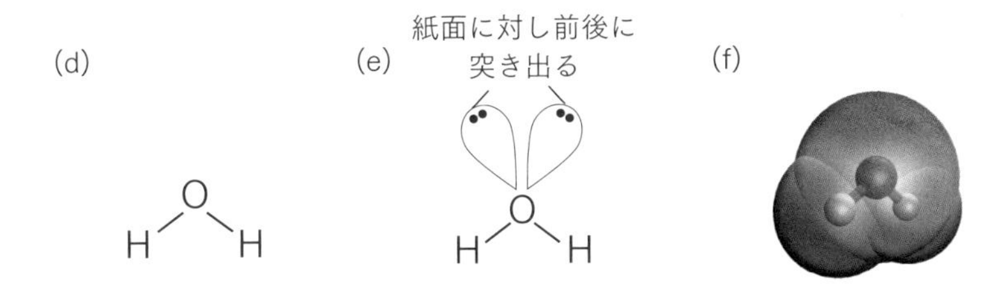

水分子の立体構造。(f)の上部は、非共有電子対により膨らんでいる。

図2-16

(a)

H• ×N× H• H• ⇒ H×•N•×H ×• H　H—N—H | H

(b)

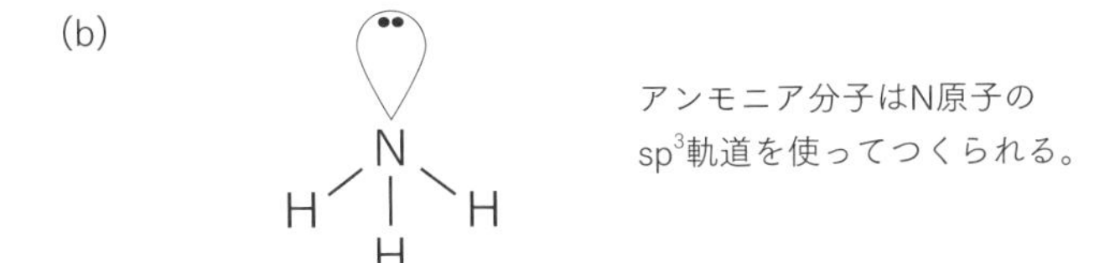

アンモニア分子はN原子の
sp^3軌道を使ってつくられる。

ています。(c)にアンモニア分子をつくる$2sp^3$混成軌道の様子を示しました。アンモニア分子の非共有電子対はO原子のような2p軌道が関与したものではなく、$2sp^3$混成軌道でつくられるものです。

アンモニア分子中のN－H結合の結合距離は98 pmで、結合1本当たりの結合エネルギーは393 kJ/molです。

さらに例をあげましょう。アルコール・ランプ用のアルコールの主成分(約70%)は**メチルアルコール**(CH_3OH)です。

メチルアルコールの化学構造式を図2-17(a)に示します。すでにお話ししたメタン分子の1つのH原子をO-Hという原子の集団で置き換えたものと言えます。このO-Hのように**複数の原子から成る一塊の集団を原子団と言います。**また特徴的な原子団には名前が付けられていて、「○○基」と呼びます。例えば－O-Hという原子団にはヒドロキシ基という名前が付けられています。

さてメチルアルコール分子の中でC原子とO原子はともに$2sp^3$混成軌道をつくります。読者は、これまでの話から、この分子中で、C原子もO原子も正四面体に近い四面体の中心にあるような構造をとるだろうと予想すると思います。

その通りです。(b)のような立体的な構造をとります。

非共有電子対は孤立電子対(lone pair略してLP)とも呼ばれます。この図ではLPも示します。O原子の非共有電子対は分子の外側に突き出していますので、アルコールも化学反応性に富んでいます。

この分子中のC－O結合の結合距離は143 pmで、結合エネルギーは351 kJ/molです。

(c)

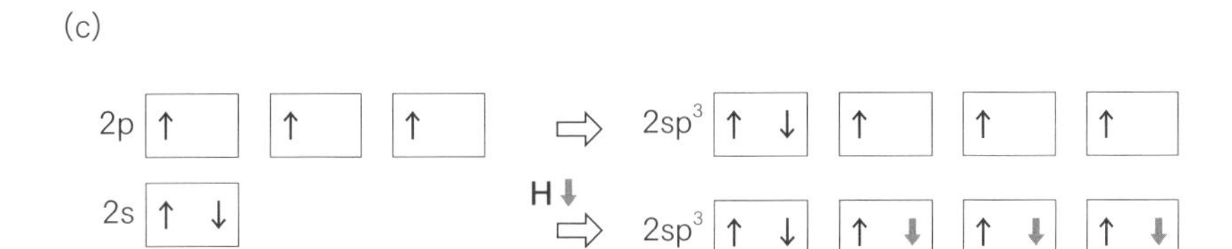

図2-17

(a)

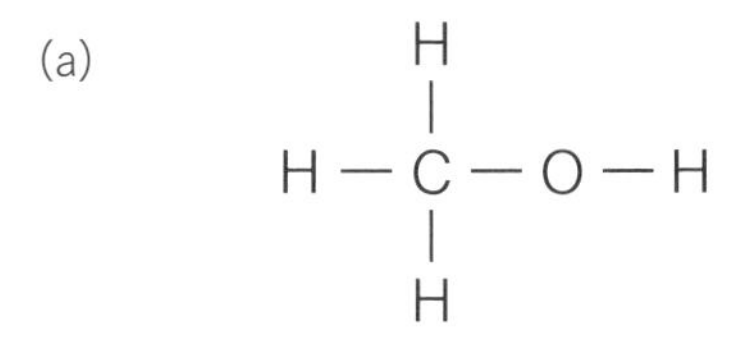

(b)

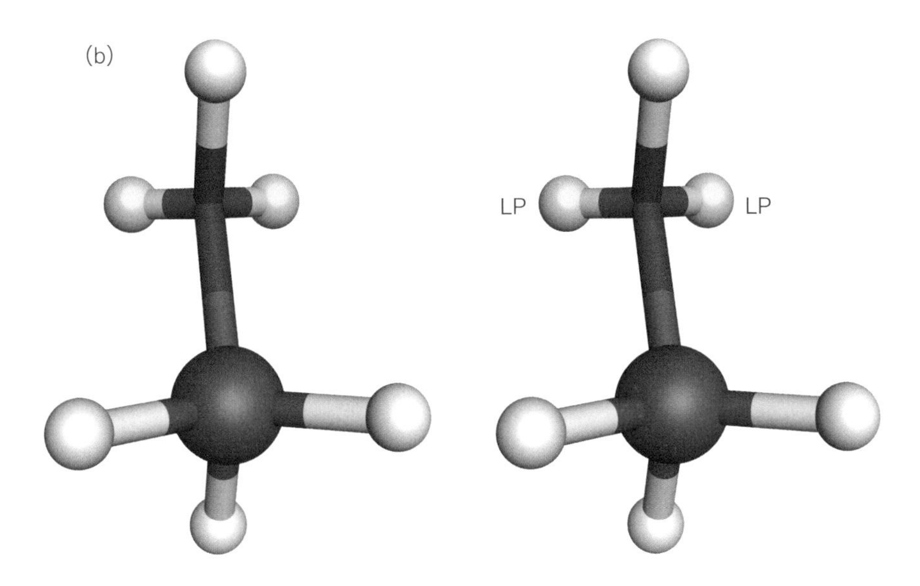

メチルアルコールの分子構造
（LPを見やすくするために、この図ではO原子の球は示していません）。

図2-18(a)に示す**ブタジエン**という分子は合成ゴムをつくる時に使われます。エチレン分子を2個連結したような構造をしています。これまでの話から察しがつくように4つのC原子はすべて$2sp^2$混成軌道を使って、隣りにある3個の原子と結合をつくります。従って分子は1つの平面に乗る平たい構造をとります。

(a)の化学構造式を見ると、C_2とC_3原子の間は形式的には単結合ですが、実験で距離を求めると145.4 pmであり、エチレン分子でのC＝C二重結合の距離133.1 pmよりは長いですが、エタン分子でのC－C結合距離153.6 pmより大分短くなっています。

なぜC_2-C_3結合は短くなったのでしょうか？ もちろん電子の性質によるものです。

σ結合によって原子同士がつながり、分子骨格をつくります。しかし、結合C_1-C_2およびC_3-C_4の間にはσ電子だけでなく、π電子も流れています。π電子はσ電子よりずっと自由なので、C_1-C_2およびC_3-C_4結合中で動くだけでなく、その周囲に機会があれば進出したいという強い性質を持っています。

従って、C_1-C_2結合にあるπ電子は、本来は単結合であるC_2-C_3結合にも進出します。またC_3-C_4結合にあるπ電子も同様にC_2-C_3結合に進出します。これら両側のπ結合からのπ電子が進出するので、その電子によりC_2-C_3結合は短くなるのです。模式的に書けば(b)のようになります。電子の流れの方向を矢印で示します。

もともと二重結合だった結合からπ電子が隣に流れると、π結合が弱くなります。このようになった結合は点線で示します。(b)は、π電子の動きによって、中央のC－C結合が2重結合性を帯び、両側のC＝C結合の二重結合性がわずかに下がることを示します。実際、

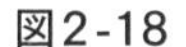

図2-18

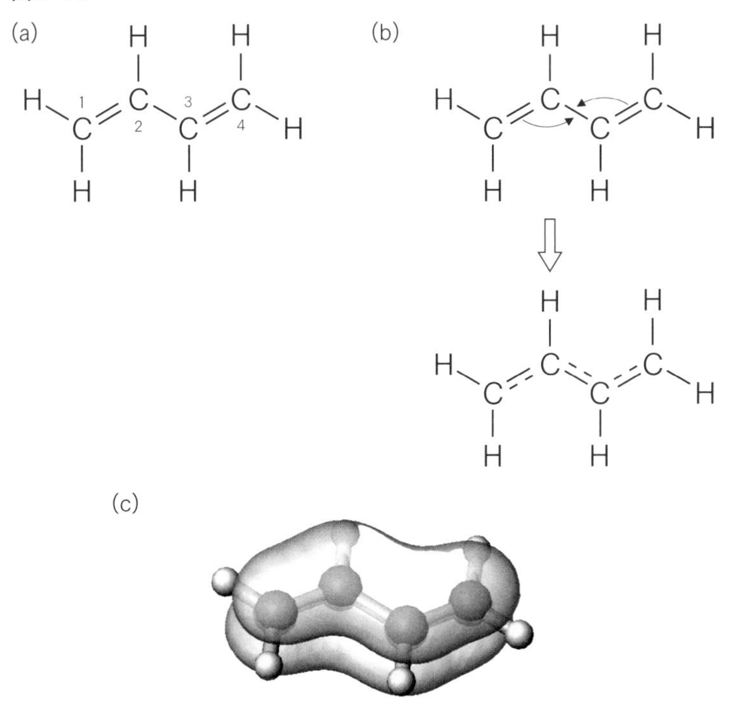

ブタジエン分子内の電子の動きとπ電子の分布。

これらの結合距離は133.8 pmで、ごくわずかですが長くなります。このように電子が動ける範囲に進出することを電子の**非局在化**と言います。

電子は非局在化する強い性質を本来的に持っています。分子軌道法という方法で計算したπ電子の分布を(c)に示します。分子の上下に右から左まで雲のようにπ電子が活発に分布しています。ブタジエンの高い化学反応性が目に見えるような電子の分布です。

図2-19(a)に構造を示す分子は**ベンゼン**です。私達が日常的に接することは少ない分子ですが、医薬品を含め色々な化学物質の化学合成の原料に使われます。昔は化学実験室でよく使われたので、実験室特有の臭いの1つがベンゼンによるものでした。

しかし、その発がん性が指摘されてから、実験室では余り使われなくなりました。喫煙によってもかなりの量が体内に摂取されることが指摘されています。

さて(a)に示すベンゼン分子の構造を見ると、さきほどのブタジエン分子中にあった、単結合と二重結合が交互に隣接する構造が複数見えます。今までの話から類推できると思いますが、各二重結合をつくるπ電子の動きは活発で、隣接する単結合にも動いていきます。

ベンゼン分子は環状になっているので、この傾向はブタジエンの場合よりずっと強く、実際には(b)のように6本すべてのC－C結合は等価になり、二重結合と単結合の中間の性質を示します。

実験で求めると、ベンゼン環内のC－C結合の距離はすべて等しく、139.7 pmです。またC－C－C角度もすべて等しく120°ですから、分子はまったく平面になっています。ブタジエンでの対応する結合の距離(145.4 pm)より、ベンゼン環内のC－C結合距離は大分短く、ベンゼン環内を電子が駆け巡っていることが分かります。

π電子はエチレンの場合と同じで、(c)に示すように、分子面の上下の広い範囲に分布します。従って、ベンゼンは化学的にも活発な性質を持っています。

6つのC原子は$2sp^s$混成軌道で隣接するHおよびC原子と結合していることは、これまでの議論から推測できると思いますが、その

図2-19

(a)

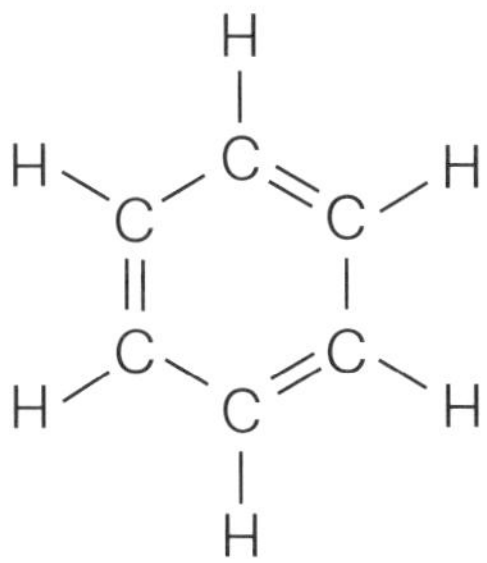

(b)

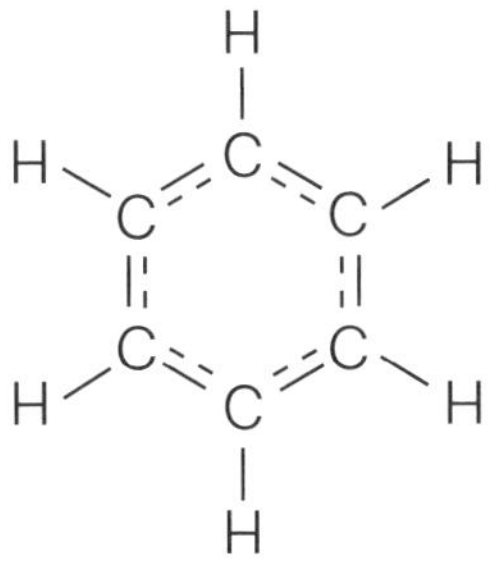

(c)

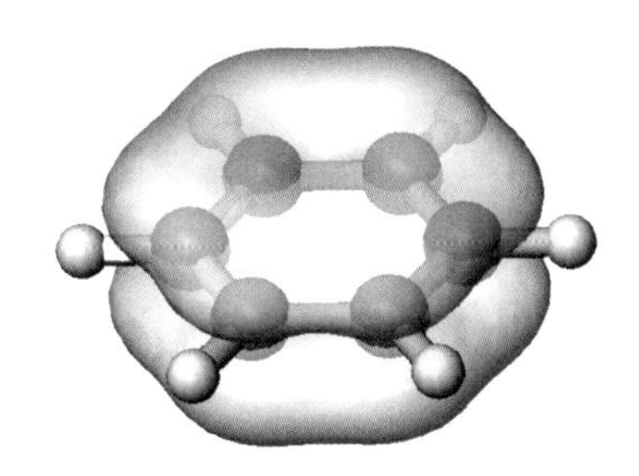

ベンゼン分子内のC−C結合の特徴とπ電子の分布。

通りです。

ベンゼン分子は平面であり、電子が環内を抵抗なく自由に動き回れます。従って、どの結合もまったく等価になるのです。

分子内での電子の偏り――
分極とファン・デル・ワールス相互作用

中学校の理科で習ったように、違う種類の電気（電荷）を持った物体同士は引き合い、同じ種類の電気（電荷）を持った物体同士は反発し合います（図2-20(a)）。このことは、電子を持つ原子の世界でももちろん成り立ちます。

(b)に示すNa^+とC^-イオンの場合、Na^+イオン同士、そしてCl^-イオン同士は反発し合いますが、Na^+とCl^-イオンは引き付け合いNaClになると、それが食塩になります。＋の電荷と－の電荷の間に働く力を**クーロン力または静電相互作用**と言います[*1]。

分子全体としては中性でも、分子内の原子の電荷に偏りのあることが多くあります。

図2-21(a)のHCl分子は分子全体としては中性であり、イオンになっていません。しかしCl原子が電子を強く引っ張る性質を持っていること、またH原子が電子を離したいという強い性質を持ってことが相乗的に働くことで、(b)のようにH－Cl共有結合に関わっている電子がCl原子に強く引かれ、Cl原子側に偏ります。

その結果、Cl原子は少しマイナスの電荷を帯びることになります。これをδ－と表示します。δ（デルタ）は「少しだけ」を意味します[*2]。

逆に電子を少し失ったHは少しだけプラスの電荷を帯びるようになります。これをδ＋と表します。電子が動きやすい性質を持っているため、このような電荷の偏りが柔軟に起こります。

電荷が偏ることを**分極**と言います。

δ＋やδ－に分極した原子同士もクーロン力で相互作用します。

＊1　プラスとマイナスは引き合い、プラス同士そしてマイナス同士は反発する力のこと。
＊2　ギリシャ文字で英語のアルファベットのdに対応している。

図2-20

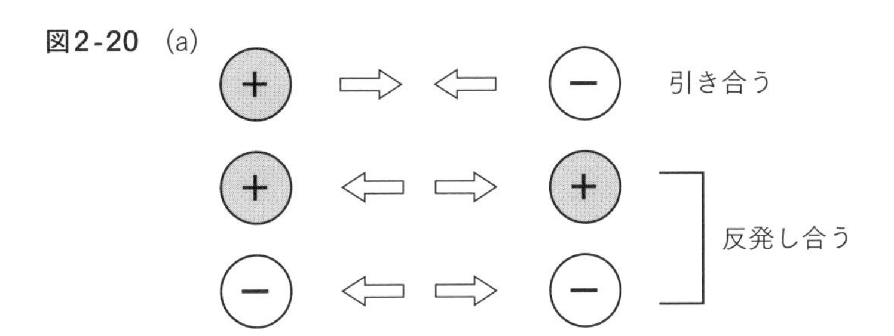

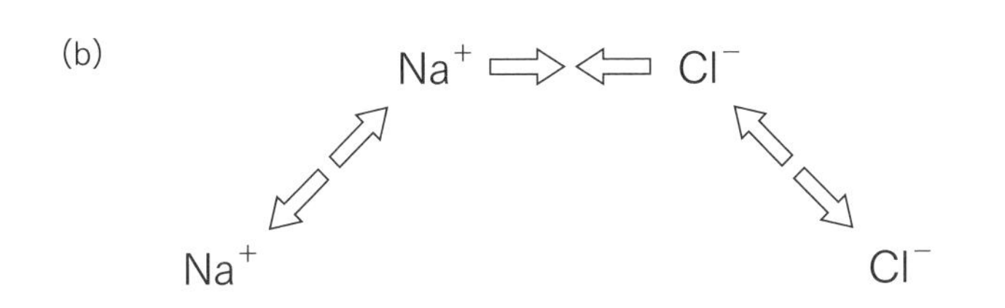

図2-21

Cl原子の価電子は7個で、外側から電子1個を引き込み価電子が8個の安定な電子配置をとりたいという強い傾向を持っています。Cl原子のこの強い傾向はH原子と共有結合しても残っています。本来持っている性質というものは状況が違っても変わることはありません。

同様のことがH原子についても言えます。**原子が電子を引き付けたいという性質を電気陰性度と言います。**2つの異なる種類の原子が結合している場合、そのどちらの原子に電子が引き付けられているかを、各原子の電気陰性度に基づいて判断することができます。分子の化学構造式から、その分子の性質を推測する上で便利な数字です。

表2-1に主な原子の電気陰性度を示します。

価電子の数が多くなるほど電気陰性度は大きくなります。この表の値から、これまでに述べた分子の幾つかについて、それらの分極の可能性を図2-22に示します。

(a)水や(b)アンモニア分子が分極することは理解できると思います。(c)メチルアルコールにおいては、CとHおよびCとOの結合における分極は電気陰性度の差から判断すると微妙ですが、O－Hの結合では明らかに分極することが予想されます。

つまりアルコール分子のO原子はδ－の電荷を帯びており、それに結合したH原子は若干プラスの電荷を帯びます。この分極がアルコール分子の性質に重要な影響を与えますが、その話はまた後で行います。

ヘリウム(He)はそれ自身で安定な原子で、他の原子と結合して分子をつくることはほとんどありません。非常に軽い原子なので、通常は気体であり、その軽さを利用して風船や気球に使われます。

Heガスを吸うと声が高くなりますが、Heが大気の主な成分である窒素や酸素分子に比較して軽いので、Heガス中では音の速度がずっと速くなるためです。

それはさておき、Heは水が凍る温度でも気体であり、－269.9 ℃

表2-1 （ ）の値が電気陰性度

価電子数	1	2	3	4	5	6	7
	H(2.2)			C(2.6)	N(3.0)	O(3.4)	F(4.0)
	Li(1.0)				P(2.2)	S(2.6)	Cl(3.2)
	Na(0.9)	Mg(1.3)					
	K（0.8）	Ca(1.3)					

図2-22

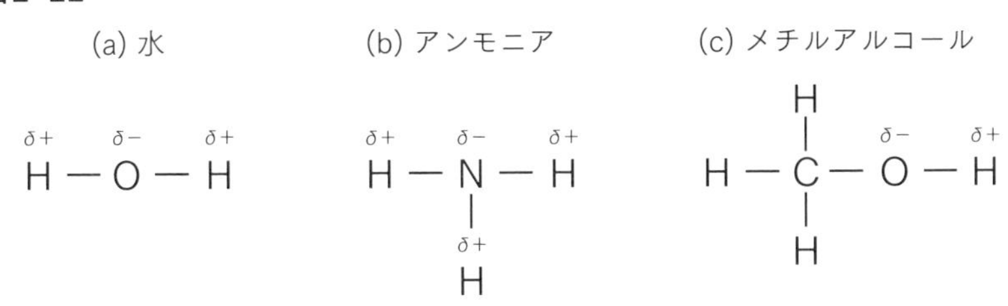

図2-23

(a)

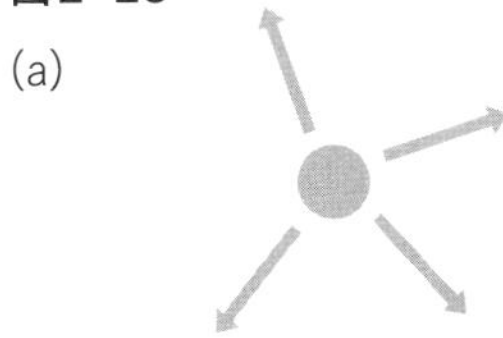

室温ではHe原子は活発に動き回る。

という恐ろしく低い温度にしてやっと液体になります。

図2-23(a)に示すように、例えば室温ではHe原子は活発に動いています。従ってたまたま2つのHe原子が近づいても、影響し合うチャンスはほとんどありません。

ところが、超低温にすると原子の動きが極端に小さくなり、He原子同士は互いに意識し合う（影響し合う）ようになります。He原子には2つの電子があり、原子内を動いています。超低温になっても電子はまだ動いています。

(b)に示すように、1つのHe原子の周りの電子がたまたま右側に偏ると、その右隣にあるHe原子の電子は反発され、その原子の右側に寄せられます。

電子が右側に寄るということは、右側に寄った電子の分、左側は電子が少なくなります。これはプラスの電荷が多くなることを意味します。結果的に、2つの隣り合うHe原子は原子内で分極するので、δ−とδ+の電荷によって引き合うことになります。

この時のδ−とδ+の電荷は大分小さく、その分引き合う力も大分弱いものになります。しかし、このような引力が多数のHe原子の間に働くと、He原子同士は集合し、気体のHeは液体の状態になります。

隣接する原子や分子によって電荷の偏りが原子や分子内に生じると、つまり分極が起こると、それらの原子や分子の間に弱い引力が働きます。この力を**ファン・デル・ワールス力***と言います。ファン・デル・ワールス力によるエネルギーと2つの原子間距離の関係を図2-24に示します。エネルギー値が0の線より上では反発力が、下では引力が原子間に働きます。

図から分かるように、2つのHe原子が完全に接触する原子間距離(d_0)以上では、どんなに離れていても2つのHe原子間には必ず引力が働きます。

2つのHe原子は互いの電子軌道が重ならない所(d_0)まで近づくこ

* 身近なところではヤモリが壁にくっついていられるのも、この力が働いているからである。

(b)

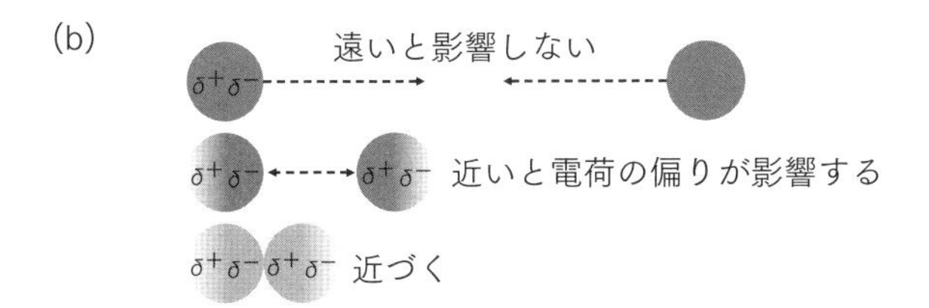

温度が高いとHe原子同士の相互作用はほとんどないが、
温度を下げて運動が低下すると隣接原子同士の影響が強くなり、引き合う。

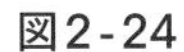

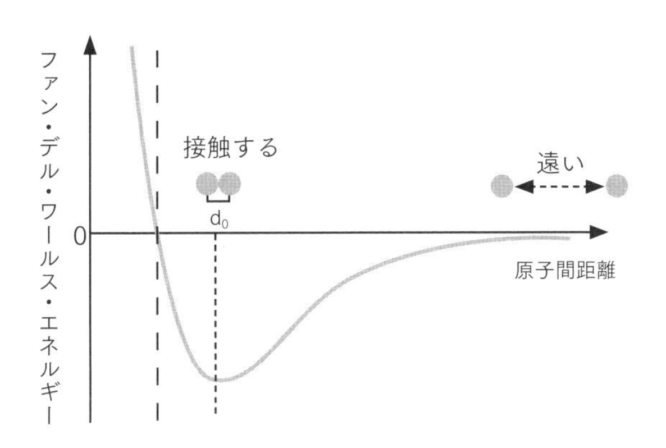

とができます。この時に引力が最大になります。

引力が最大になる時に、位置エネルギーが最も小さくなります。つまり安定になります。原子同士をさらに接近させると（d_0以下にすると）各原子の周りにある電子の重なりが生じるために急に反発力が増加し、位置エネルギーが大きくなります。

つまり、十分遠い所にある静止した2つのHe原子間には非常に弱い引力しか働きませんが、両原子を接近させると、ある所から次第に引力は強まり、両原子の電子が重ならない距離までは自然に引き寄せられます。しかし、それ以上近づけると、急に反発力が強くなります。

このファン・デル・ワールス力はすべての原子間に常に働きます。

引力としての強さはクーロン力よりずっと小さいのですが、たくさんの原子や分子がある時には、それらすべてに同時に働くので全体としてその力は非常に大きくなります。1個1個の力は弱いので、希薄な気体の状態のように粒子間の距離が大きく離れていて、かつ粒子が激しく動き回っている時にはこの力はほとんど効きません。

一方、粒子の濃度が高い環境下では、粒子間の距離が短く、またその運動性が低いので、ファン・デル・ワールス力はことの生起を決定するほど重要な力になります。

私達生物の体の中では色々な分子が働いていますが、その密度が濃い細胞内などではファン・デル・ワールス力が重要な役割を果たします。

原子によって持っている電子の数が異なるので、ファン・デル・ワールス力で接近できる最短距離も異なります。

基本的に原子は球対称なので、接近できる距離を原子中心からの半径で表し、それを**ファン・デル・ワールス半径**と呼びます。つまり、2つの原子はファン・デル・ワールス半径の和の距離まで基本的に引き合い、接近できるということです。原子同士は仲が良くともくっつきたがっているのですが、相手のプライベート空間にまで入り込むことはしません。「親しき仲にも礼儀あり」です。

表2-2に主な原子のファン・デル・ワールス半径を示します。例えば、図2-25(a)に示した*n*-ブタンという分子は、(b)のようにC_1とC_4原子が離れる構造をとれば安定です。しかし、(c)のようにC_1

表2-2　（ ）内がファン・デル・ワールス半径（pm）

H（120）	N（150）	O（140）	F（135）
	P（190）	S（185）	Cl（180）
			Br（195）
			I（215）

メチル基の半径は200 pm
ベンゼン環の厚みの半分170 pm

主な原子のファン・デル・ワールス半径。原子によって電子の数が異なるため、距離も変わる。

図2-25

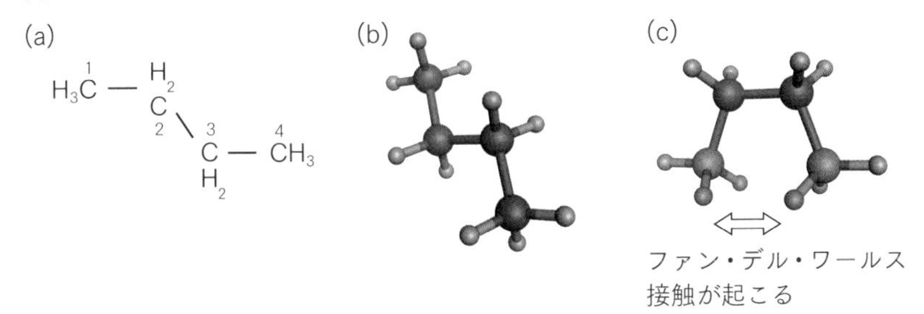

ブタン分子の場合。分子内でもファン・デル・ワールス力は働く。

とC_4原子が接近する構造は分子内で**ファン・デル・ワールス力**による反発力が強くなるため、安定ではなくなります。ファン・デル・ワールス力による引力および反発力をファン・デル・ワールス相互作用とも呼びます。

分子のかたちが重要 C−C単結合は回転できる

図2-26(a)に示した分子（1,2-ジクロロエタン：分子名はどうでも良いのですが）のC_1およびC_2原子は$2sp^3$混成軌道をとります。

C_1-C_2結合はσ結合です。$2sp^3$混成軌道をとるので、各C原子は四面体の中心にあり、その4つの頂点方向にその原子との4本の結合が向きます。その立体的特徴を表現するために、紙面手前に向いた結合を楔形で、紙面の裏側方向に向く結合を破線で、紙面に乗っている結合を実線で表しています。

このσ結合は、その結合のまわりで、原則的に回転が自由です。

従って、(a)以外の(b)、(c)そして(d)の構造だけでなく、それらの中間の構造もすべて原則的にとることができます。

しかし(a)の構造では2つのCl原子が最も離れているのに対して、(d)の構造では最も接近します。H原子の相対位置も変わります。(d)の構造では、H_{1a}とH_{2b}原子も最も近くなります。同様にH_{1b}とH_{2a}原子も最も近くなります。C_1-C_2単結合のまわりの回転によって(a)から(d)への変化は生じます。(a)の構造をC_1原子からC_2原子を真っすぐ見下ろすと(e)の右図のように見えるはずです。太字で示したC原子は手前に見えるC原子です。

手前のCl原子をC_1-C_2単結合のまわりで回転して、向こう側のCl原子にまったく重なるようにするための回転角をねじれ角と言います。この場合のねじれ角は$Cl-C_1-C_2-Cl$で定義されます。

そのねじれ角は(e)に示すように−180°です。

マイナスの符号はC_1-C_2単結合を左回りに回転して、手前のCl

図2-26

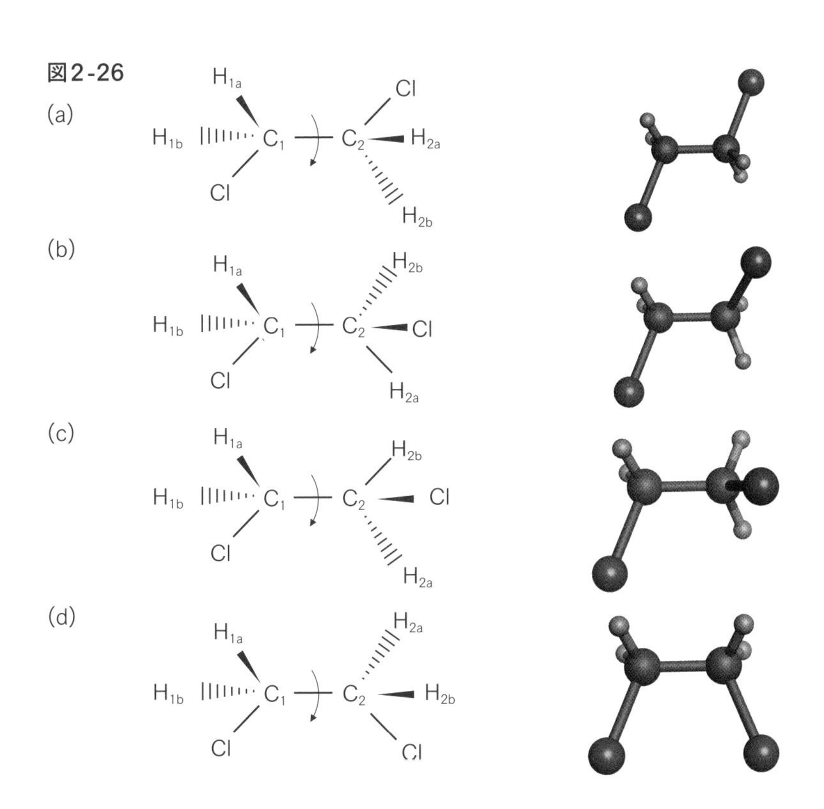

ジクロロエタン分子内のC－C単結合まわりの可能な回転によって生じる異なる立体配座。

(e)ねじれ角の定義

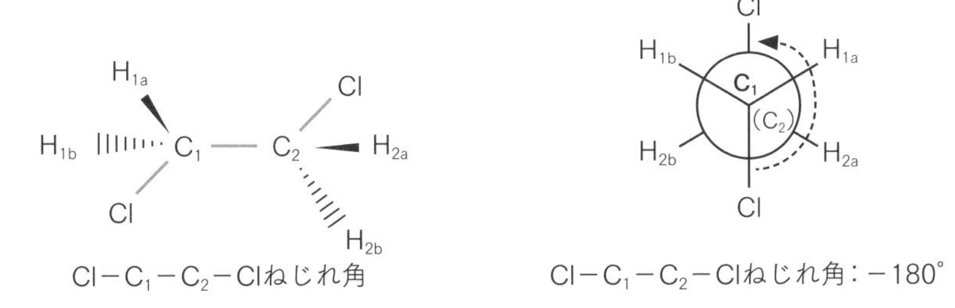

原子から向こう側のCl原子に重ねることを意味します。単結合まわりの原子の相対的な位置関係を知ることができるので、便利な量です。

C_1とC_2原子に結合した2つのH原子と1つのCl原子同士のファン・デル・ワールス相互作用は(a)で最も小さく、(d)で最も大きくなると予想されます。これを確認するためにMOE（巻末参照）というソフトウェア・システムを用いて、原子間のファン・デル・ワールス力の合計がC_1-C_2結合まわりの回転（つまりねじれ角の変化）によって、どのように変化するかを計算した結果が図2-27です。

横軸がねじれ角、縦軸が原子間のファン・デル・ワールス力によるエネルギーです。エネルギーが大きいほど、ファン・デル・ワールス力による反発エネルギーが大きいことを示します。分子が持っているエネルギーが小さいほど、その分子は安定に存在するので、エネルギーの谷に当たる(a)の構造を最もとりやすいことが分かります。

しかし、十分なエネルギーを供給すれば、不安定な(d)の構造をとることも勿論できます。つまり、原則的にはC_1-C_2結合まわりの回転によるすべての構造をとり得ますが、実際には最も安定な(a)の構造を普通の状態ではとりやすいということです。私達の世界もまったく同様で、原則的には自由と言っても、自由を実現するにはエネルギーが必要で、そのエネルギーがなければ自由は実現できません。

C−C単結合まわりの回転によって生じる複数の構造を**立体配座**と言います。ジクロロエタンでは単結合が1つですが、複数の単結合を持つ分子では、たくさんの異なる立体配座をとることができます。

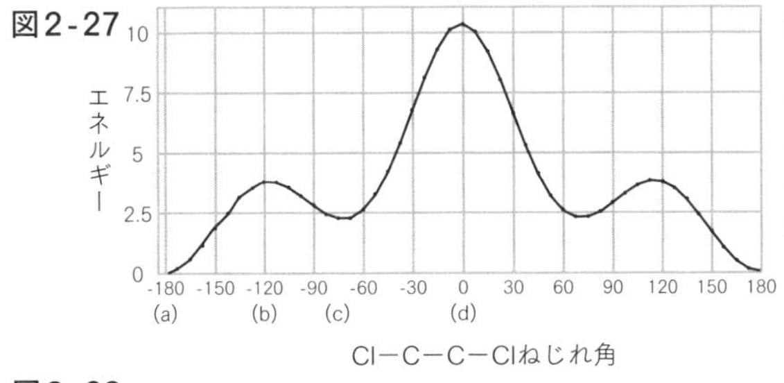

図2-27　異なる立体配座のエネルギー（安定性）。横軸はC−C単結合まわりの回転角度（(a)の立体配座のCl−C−C−Clねじれ角−180°を基準にしている）を示し、縦軸はその立体配座のエネルギーを示す。

図2-28

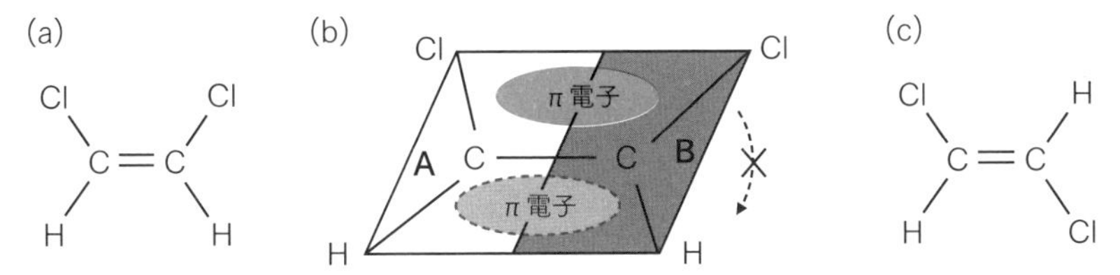

2重結合のまわりでは回転できない。シス体とトランス体は別物。

二重結合によるシスとトランスとは

図2-28(a)に示す1,2-ジクロロエチレンは図2-26の1,2-ジクロロエタンのC−C結合をC=C結合にした分子です。H原子は1つずつ結合します。2つのC原子は2sp^{2}混成軌道をとるので、6つの原子からなるこの分子は平面になります。

二重結合の1つはπ結合で、(b)に示すようにC−C原子を結ぶ直線を含む分子平面の上下の広い範囲に渡って分布します。σ結合が分子の骨格をつくります。

(b)で、6個の原子が乗っている平面をC−C結合の中心に垂直な線で2つの平面AとBに分けて考えます。もしA面を固定して、B面をC−C結合のまわりで回転したらどうなるでしょうか？

平面の上下に分布するπ結合はその中央でねじ切られてしまいます。エタン分子の場合のように180°回転するためには、π結合をねじ切らなくてはなりません。しかし、ねじ切るには極めて大きなエネルギーが必要になりますから、私達が暮らしているような条件下ではねじ切ることはできません。

つまりC−C結合まわりで回転させ、(a)分子を(c)分子にすることは通常の条件ではできません。もちろん、その逆もできません。すなわち(a)分子と(c)分子は別の分子と考える必要があります。

今Cl原子について注目すると、中央のC＝C結合に対して(a)分子では同じ側、(c)分子では反対側にあります。各々をシス(cis)体およびトランス(trans)体と呼びます。

二重結合のように回転できない結合のまわりで、**原子団や原子の相対位置が固定されることで生じる異なる分子のことを幾何異性体と言います。**原子の組成はまったく同じでも、シス体とトランス体の性質は大きく異なりますので、別の分子として考えなければなりません。融点（固体から液体になる温度）や沸点（液体から気体になる温度）は各分子に特有の性質です。

図2-29に1,2-ジクロロエチレンのシス体とトランス体そして比較のために1,2-ジクロロエタンの融点と沸点を示しました。分子の化学構造式が同じように見えても、随分性質が異なることが分かると思います。

右手か左手か――

私達の右手と左手は互いにちょうど鏡に写した形をしています。

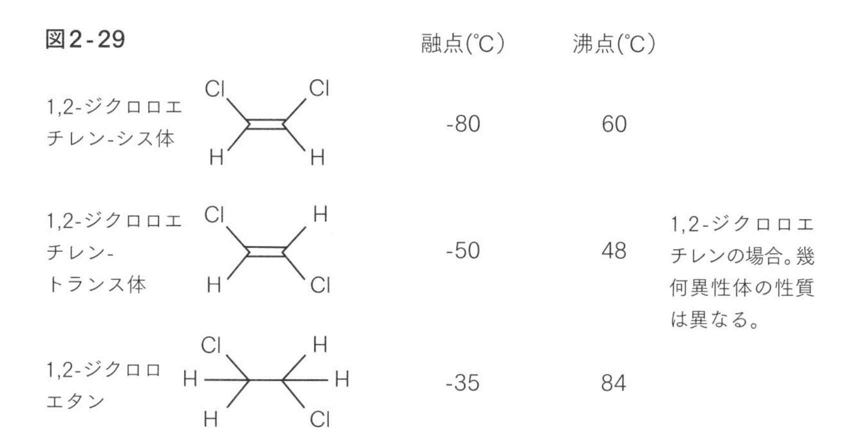

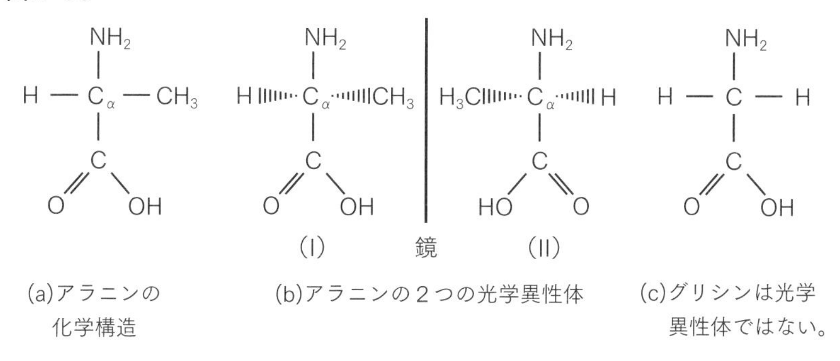

右手と左手は指の数や付き方はまったく同じですが、完全に重ね合わせることはできません。分子の中にも、このように右手と左手の関係になるものがたくさんあります。

特に生物の体内で働く分子の大半はそのような分子です。図2-30(a)に示すアラニンという分子は私達の生命活動に必須のタンパク質分子をつくり上げる原料となるアミノ酸の1種です。この分子はH原子、アミノ基(NH_2－)のN原子、メチル基(CH_3－)のC原子そしてカルボキシ基(−COOH)のC原子が、(a)に示すように中央のC原子に結合したものです。このC原子のことを**C_α原子**と呼びます。この分子を(a)のように描くとまったくの平面のように見えます。

しかし、これまでの話から推察されるように、中央のC原子は$2sp^3$混成軌道で他の原子と結合します。従って、(b)に示すようにC_α原子を中心にもつ四面体の頂点を、H原子、アミノ基のN原子、メチル基のC原子そしてカルボキシ基のC原子が占める分子の立体構造には(I)と(II)の2種類が存在します。

2つの分子はその間に置いた鏡で映した関係、つまり2つの分子は鏡像体の関係にあります。**右手と左手の関係にあることから対掌体（たいしょうたい）とも呼ばれます。**

分子をどのように回転しても、(I)の分子は(II)の分子に重ね合わせることはできません。(I)と(II)に相当する立体構造をさらに図2-31により分かりやすく示しました。C_α原子のようにその原子に異なる原子や原子団が結合すると、それらの配置により、その原子に関して鏡像体が生じます。もし、図2-30で$-CH_3$を$-H$にする(グリシンというアミノ酸分子になります)と、(I)と(II)に対応する分子はまったく重なることができます。

鏡像体を生じることのできる原子を不斉（ふせい）原子と言います。図2-30でC_α原子は不斉原子です。

(I)をD-アラニン、そして(II)をL-アラニンと呼んで区別します。C_α原子に結合した原子および原子団がL-アラニンと同じ立体配置を持つアミノ酸をL型アミノ酸と言います。一方、D-アラニンと同じ立体配置を持つアミノ酸をD型アミノ酸と言います。

さて、鏡像体の関係にある分子の融点や沸点等の物理化学的な性

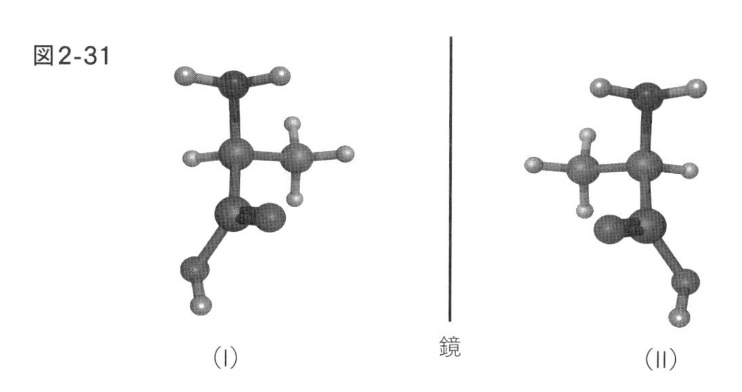

(I) D-アラニンと (II) L-アラニンは互いに鏡像体。

質はまったく同じですが、これらの分子に対する光の挙動は唯一異なります。偏光した光を当てると、(I)および(II)の分子はその光をまったく逆方向に曲げます。

このような性質（光学活性）を持つ分子を光学活性分子と言います。グリシンのような分子は光をまったく曲げないので、光学活性ではありません。光に対しての挙動が異なるので、L型とD型のアミノ酸のような分子同士を**光学異性体**という言い方もします。

私達の体の中で働いているほとんどの分子は光学異性体のどちらかです。**私達の体の中で使うことができるアミノ酸はグリシン以外、すべてL型アミノ酸で、D型アミノ酸は使えません。**

D型アミノ酸が利用できない理由は、体の中で働くタンパク質がL型のアミノ酸でつくられているからです。

手袋と手の関係で説明すると分かりやすいかも知れません。軍手のような手袋ではなく、左右の手にフィットする防寒用等の手袋を思い起こしてください。右手は右手用の手袋にしか入りません。

つまり、生体内で働くタンパク質やDNA等の分子は決まった手系を持つため、それらの分子に働きかけて作用を示すためには、右手の手袋には右手、ということです。

味覚は、味覚受容体という分子に味覚を起こす分子が結合した情報が脳に伝わって感じる感覚です。味覚受容体はタンパク質なので、L-アラニンとD-アラニンは作用の仕方が異なります。

実際、私達はL-アラニンからわずかな甘さを感じますが、D-アラニンにはかなり強い甘味を感じます。味覚受容体に対する結合性が二つの鏡像体分子で異なるからです。味覚同様、嗅覚には嗅覚受容体というタンパク質が関係します。

下の図2-32に示す2つの分子は鏡像体です。(a)分子は、キャラウェー・シードの爽快感のある不思議な甘い香りを持っていますが、(b)分子はすっきりした清涼感のあるスペアミントの香りを持っています。嗅覚受容体タンパク質に対する働き方が、2つの分子でかなり異なることが分かります。鏡像体の関係にある分子は基本的に生体内では別物（別分子）として働くと考えるべきです。

図2-32 (a) (b)

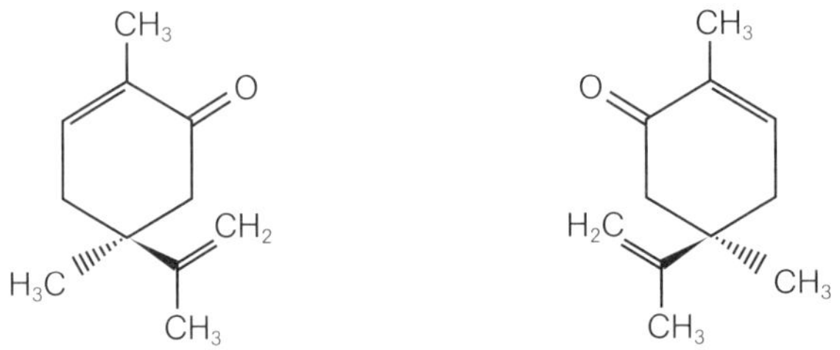

☑ **原子同士を結びつけて分子をつくるのは電子です。電子が分子をつくり上げるルールは比較的単純であり、分子のかたちや性質は分子内の電子の挙動で決まります。**

3章

原子、分子同士はどのように作用するのか?

これまでは1つの分子に注目して、その成り立ちや形の特徴について述べてきました。次は複数存在する分子同士の相互作用に注目してみましょう。私達自身も単独で一人ぽつんといても、そこには見るべき現象は何も起こりません。複数の人達が離散集合しながら相互作用することで、多様で生き生きとした興味深い活動が生じます。分子間の相互作用は多様で素晴らしい森羅万象を形作る上でとても重要です。

Keyword

- 分子や原子の分散・集合の仕方
- 結合の強度に意味がある
- 水分子の果たす役割

弱い結合が役に立つ—水素結合

まずは水分子です。私達が普段接する水は水分子がたくさん集まった液体の水や氷です。

1つの水分子は図3-1(a)のような構造をとります。

O原子は $2sp^3$ 混成軌道をとり、2対の非共有電子対と2本のO－H結合が、O原子を中心に置く四面体の頂点方向に向きます。またO原子の電気陰性度がH原子よりずっと高いので、O－H結合にある σ 電子はO原子に少し引っ張られ、O原子は $\delta-$ そしてH原子は $\delta+$ の電荷を帯びています。

もし(b)のように2つの水分子が接近すると、一方の分子のO原子の方に他方の分子のH原子が静電相互作用*で引き寄せられます。O原子の非共有電子対はH原子の方に引かれ、$\delta+$ になったH原子とわずかに電子を共有するようになります。

従ってO原子とH原子の接近は単なる静電相互作用だけではなく、共有結合の性格も少し持つことになります。2つのO原子は非共有電子対とH原子が仲介することで、比較的強く結合します。

このような結合は**水素結合**と呼ばれ、**生命活動に関与する非常に多くの分子が機能する時に極めて重要な役割を果たします。**その理由はこの章の最後で述べます。

水分子が複数集まると、(c)に示すように、複数の水分子同士が可能な限り水素結合することになります。液体の水の中では、複数の水分子は水素結合による塊（クラスター）をつくっています。室温・大気圧下の水表面では15-17個の水分子がクラスターをつくっていると言われています。

*　84ページ参照。

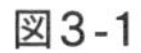

図3-1

(a)

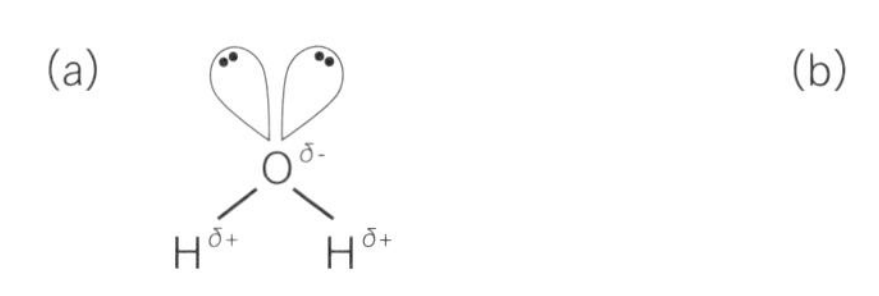

(b)

引き合う

水素結合

(c)

◀水分子は水素結合で集合する。

図3-2

(a)CH_4
(b)CH_3-CH_3
(c)CH_3-CH_2-CH_3
(d)CH_3-CH_2-CH_2-CH_3
(e)CH_3-CH_2-CH_2-CH_2-CH_3
(f)CH_3-CH_2-CH_2-CH_2-CH_2-CH_3
(g)CH_3CH_2-CH_2-CH_2-CH_2-CH_2-CH_3
(h)CH_3-CH_2-CH_2-CH_2-CH_2-CH_2-CH_2-CH_3
(i)CH_3-CH_2-CH_2-CH_2-CH_2-CH_2-CH_2-CH_2-CH_3
(j)CH_3-CH_2-CH_2-CH_2-CH_2-CH_2-CH_2-CH_2-CH_2-CH_3

▲10種類の直鎖状炭化水素の化学構造。

図3-3

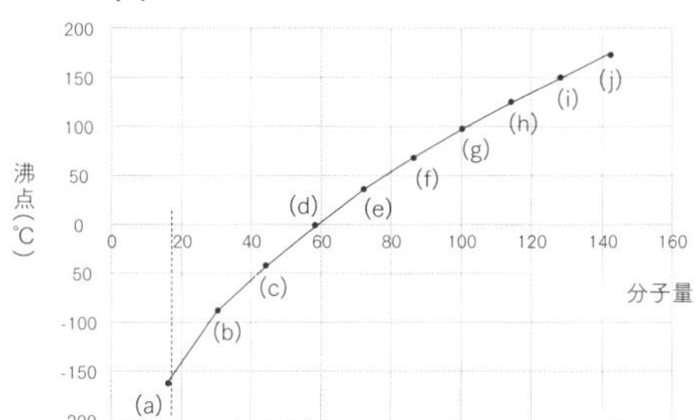

▲図3-2の分子の分子量と沸点との関係。

液体の中で水分子はこのように塊になっているので、気体になり難いと予想されますが、実際にそうです。

図3-2に示した10種類のCとH原子からなる分子の沸点*と分子量の関係を図3-3に示しました。このグラフから、分子量（分子の重

＊　液体が気体になる温度を沸点と言う。

さ）は沸点とほぼ比例することが分かります。しかし、水分子の分子量は18ですから、このグラフから判断すると、その沸点は－150℃位になるはずです（点線で示します）。大気圧下での水の沸点は100℃ですから、もし液体中で水分子がばらばらの単分子として存在するなら、水分子の沸点は異常に高いことが分かります。このグラフで見積もると、沸点が100℃になる分子量は100程度ですので、水分子の数で換算すると約5.6分子ということになります。

つまり、100℃でも約5.6分子の塊として水分子は挙動していると推察できます。室温では分子の運動性が低いのでさらにその塊は大きくなっているはずです。すなわち水分子は液体中で複数分子が水素結合で集合して塊をつくっているので、沸点が高くなるのです。

水分子が凍り氷になると、図3-4に示すように、ほとんどすべての水分子が近接する水分子と可能なすべての水素結合を形成します。O原子は $2sp^3$ 混成軌道をとりますので、水素結合は3次元的に形成され、3次元網目構造をつくります。非常に隙間の多い構造なので、氷の比重は液体の水より小さくなります。**水分子のこの挙動は非常に例外的なものです**（ほとんどの化学物質は固体になると、より密に分子が凝集し、比重が大きくなります）。

その理由は分子間に3次元網目状に形成される水素結合であり、原因はO原子とH原子の分極、O原子の非共有電子、そして少し離れたO原子とH原子の間にもわずかに流れて共有される電子です。

水素結合は水分子の間にだけ存在するものではありません。一般化して表現すると、図3-5(a)に示すように、電気陰性度の大きい原子(D)に結合したH原子（δ＋になる）と非共有電子対など自由に動ける電子をもつ原子(A)（δ－になる）との間に形成されます。

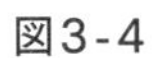

図3-4

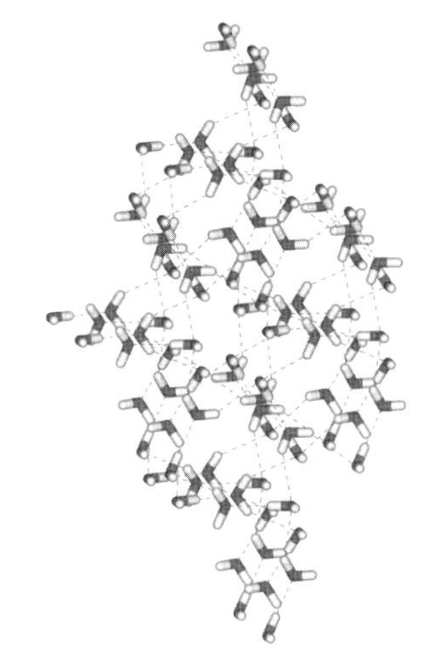

水分子が水素結合で
3次元網目構造を形成し、
氷をつくる。
点線は水素結合を示す。

図3-5

水素結合には方向性がある。
(a)水素結合受容体の非共有電子対がH原子の方向を向く場合は水素結合ができる。
(b) 水素結合受容体の非共有電子対がH原子の方向を向かない場合は水素結合ができない。

H原子が結合したD原子を**水素結合供与体**と言い、H原子と結合するA原子を**水素結合受容体**と呼びます。水素結合の強さは4-40 kJ/molほどです。C－C単結合（共有結合）の強さが346 kJ/molほどですから、水素結合はずっと弱い結合です。

しかし、この**弱い結合が生命活動を能率的に行う上でとても大切です。**生体内では複数の分子が相互作用して生命活動が営まれます。

分子間相互作用は連続的に無駄なく行われなくてはいけません。

図3-6に1つの例を示しました。S_1という分子がPというタンパク質と相互作用することにより、S_2という分子に変化するという場合です。**このような分子の変換（変化）こそが生命現象の要です。**

Pというタンパク質は通常大きな分子ですので、それをつくるのに結構なエネルギーを使います。何でもかんでも使い捨てする現代社会と異なり、生物の中ではつくった物は大切に使われます。

S_2に変換するためには、まずS_1がPに結合する必要があります。S_1がPに水素結合により結合すると、Pによる作用により、S_1はS_2に変化します。次々に反応を進めるためには、変化したS_2は、次の反応のためにPから離れ、次のS_1がPに作用できるようにする必要があります。

水素結合は適切な結合力なので、S_1を反応中に必要なだけPに引き付けることができる一方、出来上がったS_2を簡単にPから離すことができる程度の大きさの力しか持っていません。

(b)に示すように、もし共有結合でS_1とPが結合してしまうと、Sは容易にPから外れることができなくなり、この変換の反応はそこで停止してしまい、生命活動が滞ってしまいます。

仮どめの接着剤のようなこの水素結合があって初めて生命活動が行えると断言しても言い過ぎではありません。

水素結合のもう1つの大きな特徴は、その方向性です。図3-5に戻ります。

(a)の場合には、水素結合供与原子Dに結合したH原子の方に、水素結合受容原子Aの非共有電子対は向いています。この場合は、その電子の一部がH原子方向に少し流れますので、水素結合はで

図3-6

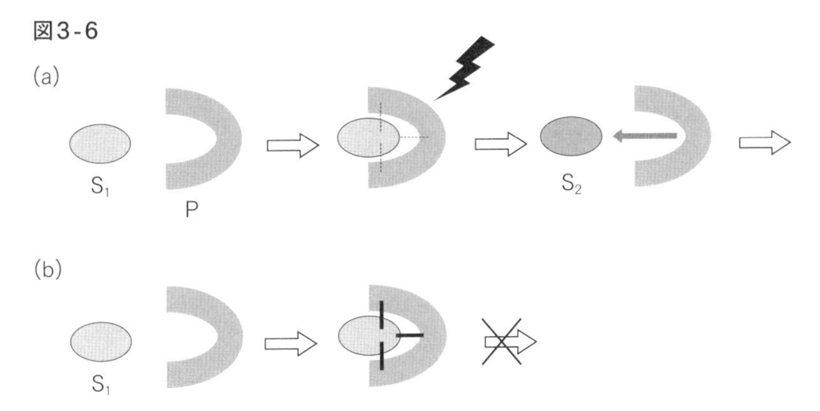

タンパク質の可逆的な機能に水素結合は必須。
(a)タンパク質と水素結合で相互作用する分子は動的な作用をすることができる。
(b)タンパク質と共有結合する分子はタンパク質の働きを阻害する。

きます。しかし、(b)のように、非共有電子対が向いていないと、H原子とA原子の間に水素結合はできません。

すでに何度も述べましたが、**非共有電子対が向く方向はその原子の混成軌道によって決まります。** DとH原子が単に適当な距離にあるだけでは水素結合はできません。つまり水素結合には強い方向性があるということです。生物の中で働くタンパク質等の立体構造もこの水素結合の方向性を利用して、厳密に決められています。

水の中にあるタンパク質を加熱すると、その熱によるエネルギーの方が水素結合より大きくなり、水素結合が切れてしまいます。その結果、タンパク質の正しい立体構造は破壊され、その働きを失います*。水素結合は常温で生物の機能を最大限に働かせる上で必須な力です。水素結合は弱弱しい結合ですが、生命を支えるとても重要な結合なのです。

* タンパク質が熱に弱い理由がこれで、水素結合が切れてしまうからである。

静電相互作用と
ファン・デル・ワールス相互作用

プラスの電気(電荷)を帯びた粒子とマイナスの電気(電荷)を帯びた粒子の間には引力が働きます。この引力のことをクーロン力または静電相互作用と言うということを既にお話ししました。

例えばNa^+イオンとCl^-イオンは密に集合して食塩の固体をつくります。食塩の結晶の一部を図3-7に示します。

クーロン力でNa^+イオンとCl^-イオンは交互に規則的に並んでいます。食塩の結晶はきれいな立方体をしていて、指ではじくことができるほど硬いのですが、水に入れるとサッと溶けます。その理由は水分子にあります。

図3-8(a)に示すように、食塩の固体中でNa^+イオンとCl^-イオンは規則的並んでいますが、表面に水分子が接近すると水分子との相互作用が生じます。水分子のO原子は$\delta-$に、そしてH原子は$\delta+$の電荷を持つので、(b)のようにNa^+イオンの周りに、静電相互作用によって複数のO原子が近づきます。

同じようにCl^-イオンには複数の水分子のH原子が近づきます。複数の水分子が取り囲むので、その力は強く、Na^+イオンとCl^-イオンは引き離され、水分子の中に次々と散らばっていきます(c)。そして最後にNaClの塊は見えなくなります。その状態を、私達は食塩が溶けた、と言います。

水分子がNa^+やCl^-のようなイオンをこのように取り囲むことを**水和**(すいわ)*と言います。一方、NaClのNaの代わりにAg(銀)が入った塩化銀(AgCl)という無機物質があります。Ag原子はAg^+イオンに、そし

* 物質が水に溶けたとき、その物質(溶質)が周囲に水分子を引き付けて集団をつくる現象。

図3-7

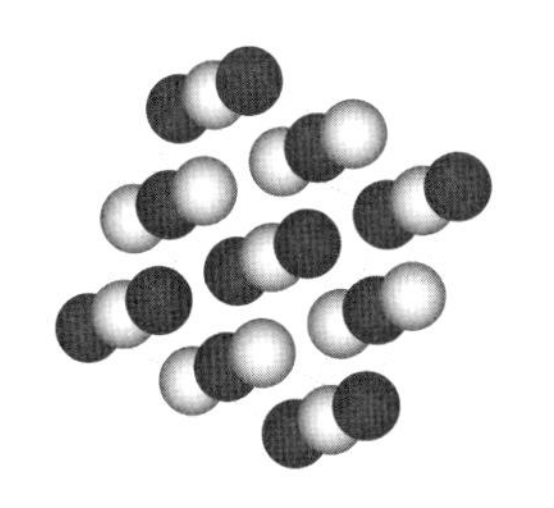

食塩の結晶構造の一部。
青い球は塩素イオン、
黒い球はナトリウム・イオンを示す。

図3-8

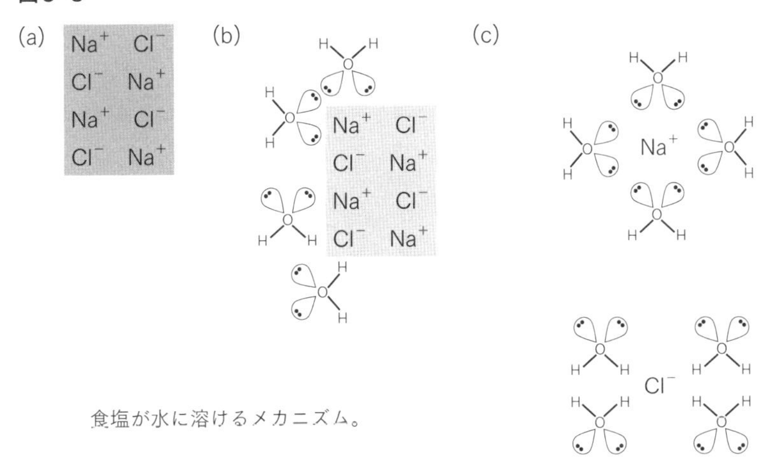

食塩が水に溶けるメカニズム。

てCl原子はCl^-イオンになり得ますが、AgClという形になった物質は水にまったく溶けません。それはAg^+とCl^-が引き合う静電相互作用が、水和によって引き離す力より圧倒的に大きいからです。

水は色々な物質を溶かすという意味でも、とても特異な分子で、この性質が私達の生命を支えています。しかし、何でもかんでも溶かしてしまう訳ではありません。

水に溶けない部分の集合——疎水相互作用

水と油を混ぜ、強く撹拌すると、一旦は混じったように見えます。しかし、しばらく経つと油は水から分離して、水の表面で層をつくります。油は水にはじかれるように、油だけで油滴をつくったり、層になります。

一方、エチルアルコール(エタノール)は水と完全に混ざり合います。そうでないと、ウイスキーの水割りはつくれません。

エタノールも油もよく燃えますが、何が違うのでしょうか?

オリーブ油の主成分であるオレイン酸分子とエタノール分子の化学構造を図3-9で比較します。

エタノール分子の中のO原子には非共有電子対が2対あり、しかも、O原子の電気陰性度はC原子やH原子より高いので、電子を周囲の結合した原子から引き寄せ、$\delta-$の電荷を帯びます。一方、H原子は$\delta+$に帯電します。

従って、OH基の周りには水分子が接近できます。

C原子とH原子の電気陰性度の差はわずかなので、C原子とそれに結合したH原子には目立った電荷の偏りはありません。したがってもっぱらCとH原子からなっている部分に水分子が積極的に接近することはありません。むしろこの部分は接近する水分子を阻んでいると言えます。

図3-10(a)に示すように、この部分を**疎水基**(そすいき)と呼び、O原子を含む部分のように水分子を呼び寄せることのできる部分を**親水基**(しんすいき)と呼びます。

図3-9

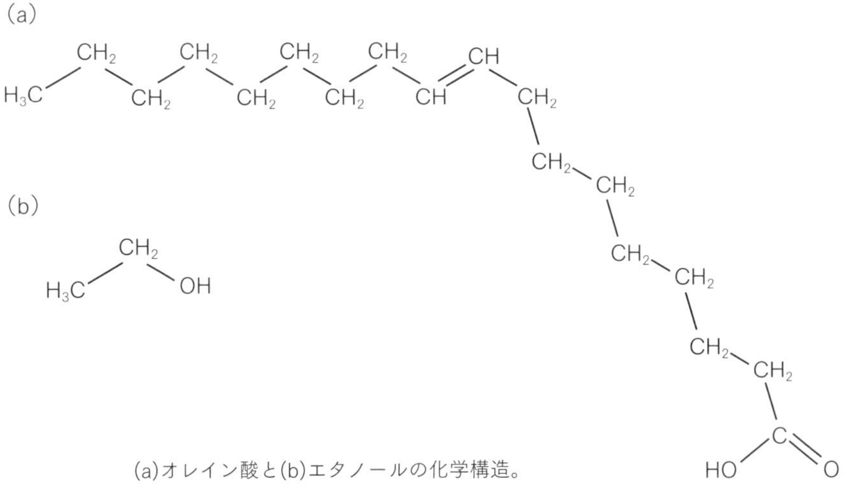

(a)

H_3C CH_2 CH_2 CH_2 CH_2 CH_2 CH_2 CH_2 CH=CH CH_2 CH_2 CH_2 CH_2 CH_2 CH_2 CH_2 C(=O)OH

(b)

H_3C CH_2 OH

(a)オレイン酸と(b)エタノールの化学構造。

図3-10

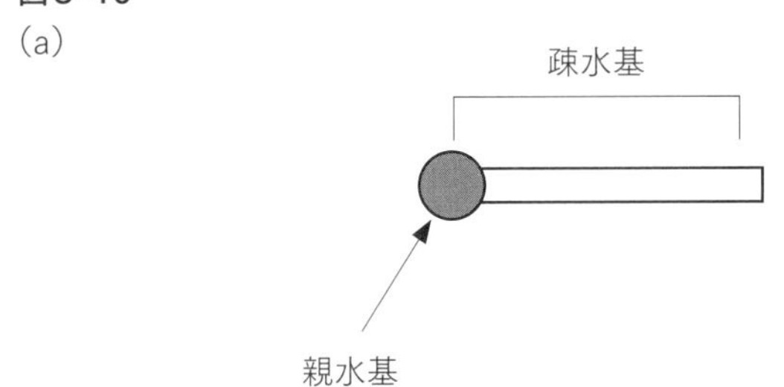

水は溶液中でも水同士が水素結合で結合して塊をつくる強い性質を持っています。従って、例えば1分子のオレイン酸が水中にあると、その部分の水の集合が途切れてしまうので、それを回復するよ

うに、周りの水分子は寄ってたかってオレイン酸分子の疎水部分を水中から外に追い出そうとします(b)。

疎水部分がそこになければ、水はその部分での水素結合のネットワークを回復できるからです。もし、オレイン酸が2分子あれば、水に押されて、疎水基同士は(c)のように次第に集合するようになります。

電気的に中性ですから、このように集合しても不安定になることはありません。2分子が集合すると、水側に露出する疎水的な表面積が減りますから、水分子の追い出そうという力も弱まります。

水分子の存在を意識しないと、ちょうど疎水部が自ら集合するように見えるので、これを疎水結合あるいは疎水相互作用と呼びます。

オレイン酸がたくさんあると、この疎水結合により、疎水部がまったく水に露出しない(d)のような構造を形成します。オリーブ油と水を強引に撹拌して強引に混ぜて、暫くすると水の中に油滴が見えるようになりますが、これは正に(d)のような状態です。(d)の状態をミセルと言います。

疎水結合を最大にするもう1つの構造が、(e)に示す2重膜構造です。

この場合、水と空気に接する側に親水基が並び、疎水基同士は内側に向かって集合します。**この2重膜構造は私達の細胞の膜においても使われています。**

親水基と疎水基の両方を併せ持つ長鎖の分子は自動的にこのような構造を構成します。疎水相互作用は、今までの話から明らかなように疎水基同士の積極的な相互作用というより、水分子が疎水基をはじくことがその原因です。

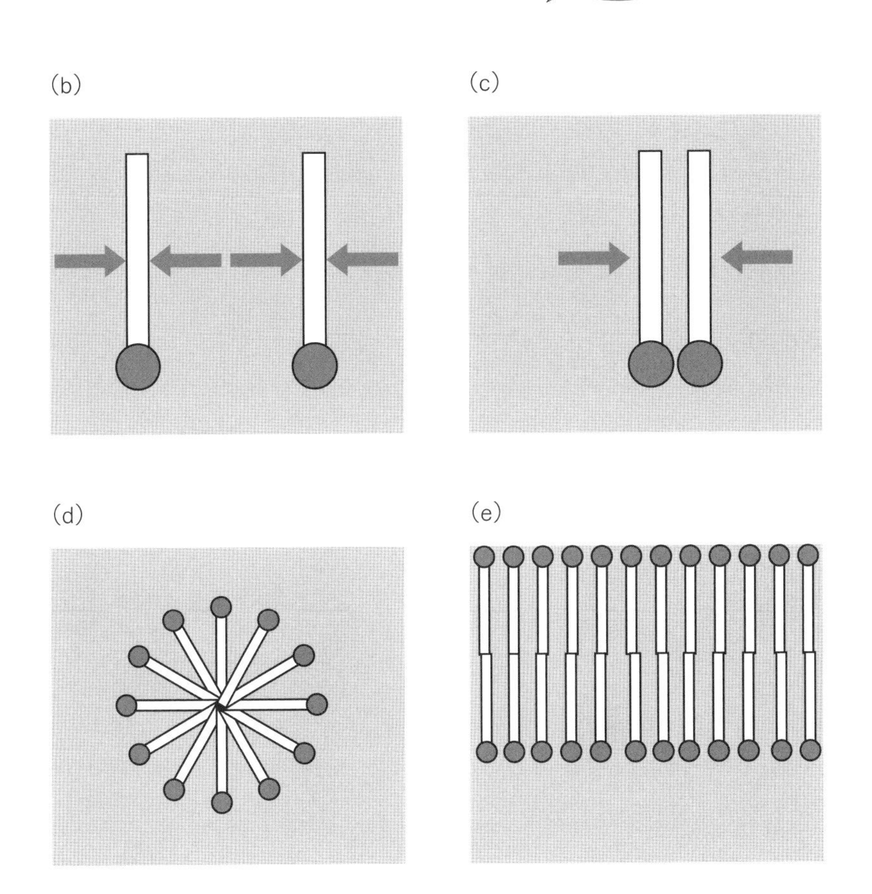

疎水基と親水基を併せ持つ分子は水中で集合する。

その裏側には、水分子同士が水素結合をつくり集合したいという強い傾向があります。

私達の生命活動を支えるタンパク質は特定の形を持たないと正常に働くことはできません。

下の図3-11に示すように、生体内（ほぼ水中と同じ環境）ではタンパク質の疎水的な部分が疎水相互作用で集合することでタンパク質はその作用を発揮するために必要な構造（立体構造）を確保します。

生命活動にとって水の存在とその働きは必須です。

図3-11

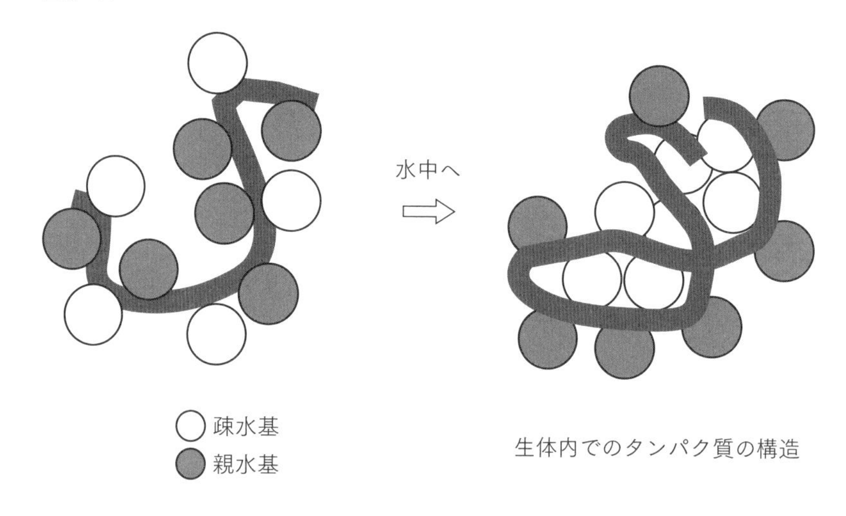

生体内で、疎水基は分子の内側に、親水基は分子の外側に集合することで、タンパク質の立体構造はつくられる。

☑ いくつかの理由で、分子内の電子の分布に偏りが生じ、それが原因で分子同士は離散集合します。そうした分子間相互作用には、静電相互作用、ファン・デル・ワールス相互作用、疎水相互作用そして水素結合があります。中でも、水素結合は生命活動を行う上でとても大事な働きをします。

4章

化学反応を支配する大原則とは?

この世界で起こる変化の生起は、その変化に伴う自由エネルギー変化によって決定されています。化学物質の世界も例外ではありません。自由エネルギーを決めるエントロピーとエネルギー(エンタルピー)の2つの量によって化学変化の巨視的な生起は決定されます。一方、微視的に見ると、化学変化はそれに関わる原子・分子間の電子の移動によって決定されます。この章では、化学変化を決定する巨視的および微視的な原理についてお話しします。

Keyword

- 自発的に起こる反応とは
- エントロピーとギブス自由エネルギーの関係
- 物質の変化を決める電子の移動

気体分子はなぜ偏らずに拡散していくのか

デパートの香水売場から大分離れた所でも私達は香水の香りを感じることができます。これは香りを感じる分子が気体になって、売場から拡散してくるからです。

実は、気体分子は室温でも激しく飛び回っています。

図4-1(a)の柑橘系の香りの代表格であるd-リモネンという分子は香水に多く使われていて、香水売場の近くで私達が真っ先に感じる香りの分子の1つです。

d-リモネン分子は、20 ℃のデパートの中を、何と時速835 km余りのスピードで飛び回っています。秒速に直すと230 mほどです。1階に香水売場があれば、店に入った次の瞬間には香水の香りがするということです。

(a)のd-リモネンの化学構造を鏡に写すと(b)に示すl-リモネンという分子になります。リモネン分子は光学活性分子です。l-リモネンは、すでに2章で述べた理由からd-リモネンとは異なり、松やテレビン油のような香りがします。

コーヒーのアロマの主成分と言われる2-フルフリルチオール分子(c)が飛び回る速度はもっと速く、時速910 km、秒速250 m余りです。風が吹いていなくても、次の曲がり角の喫茶店のコーヒーの香りが、信号待ちをしている時に香ってきても不思議ではありません。

このように**常温でも、気体分子は非常に激しく動き(飛び)回っていますので、動ける空間があればどこまでも拡散していきます。**

ちなみに、2-フルフリルチオールには不斉原子*がないので、光学異

* 98ページ参照。

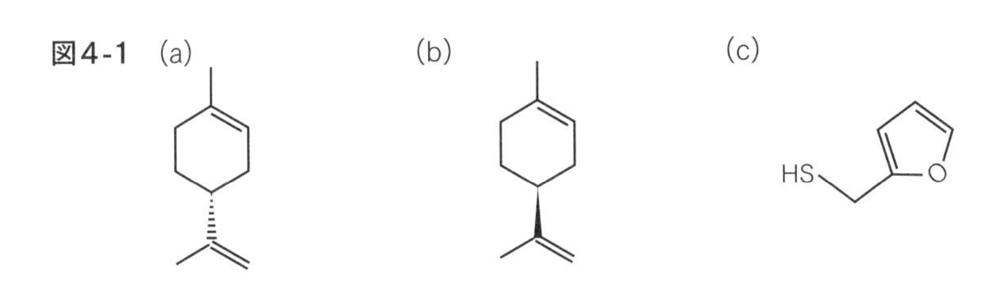

香水やコーヒーの香りを感じる分子。

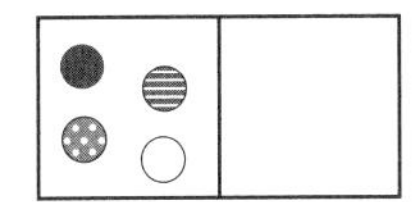

(b)

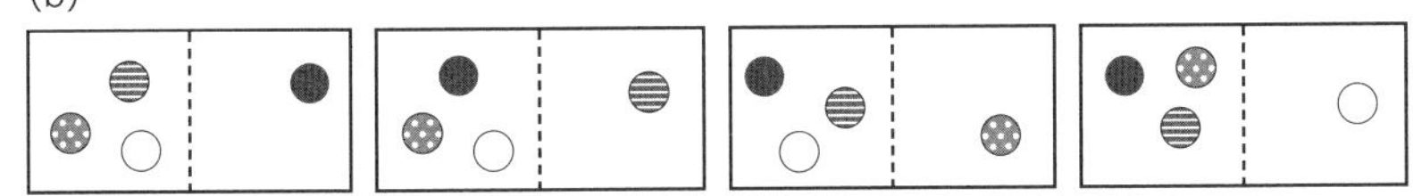

2つの等しい空間の中に4個の気体分子が自由に拡散する場合の気体分子の分布の仕方。

性体は存在しません。

図4-2(a)のような2つに仕切られた容器を考えます。左右の空間は形も大きさもまったく同じと考えます。まず、左の空間に4個の気体分子が入っているとします。温度は室温としますので、先ほどの香水の分子のように容器内で気体分子は盛んに動き回っています。

従って、間の仕切りを取り除くと(b)、気体分子は右側の空間にも移動していきます。この図で点線は仕切りのあった場所を示し、仕切りがなくなったことを意味します。左側の空間を香水売場、右側の空間がエントランス・ホールと考えても良いかも知れません。

4個の分子が同じ種類の分子でも、各分子の運動性（速さ）はすべて同じではなく、いる場所も異なるので、4個の分子は別物として扱う必要があります。実際、(b)では1分子が右側の空間に移りますが、4個の分子の中のどの分子が右側に移ったかで、図のように4通りの場合が考えられます。

同様に考えると、右側に2個の分子が移る場合は(c)のように6通りあります。さらに右側に3分子および4分子が存在する場合の数は、(d)および(e)に示すように、各々4通りおよび1通りあります。

高等学校の「数学1A」で習う「場合の数」の求め方を使えば、図4-2に示すようにすべてを図解して「場合の数」を数え上げる必要はありません。図4-2の例では、4個の分子から右の空間に入る0、1、2、3そして4個を選ぶ「場合の数」を求めれば良いのです。n個の中からr個を選ぶ場合の数は$_{n}C_{r}=n!/(r!(n-r)!)$で計算できます*。

さて想像してみて下さい。十分長い間放っておくと、右側と左側の空間にある分子の数はどうなるでしょうか？

(a)、(b)、(c)、(d)および(e)で起こり得る場合の数は数え尽くされています。合計で1+4+6+4+1=16通りです。この16通りの中で右側の空間に4、3、2、1そして0個の気体分子がある場合の起こる割合は1/16=0.0625、4/16=0.25、6/16=0.375、4/16=0.25そして1/16=0.0625です。この割合のことを数学では**確率**と言います。

図4-3に、右側の空間に入る分子の数（横軸）とその数になる確率（縦軸）の関係を示します。私達の感覚からも恐らく左右の空間中の分子が2個ずつになるのが落ち着く先ではないかと予想されます。あんなに激しく運動する分子ですから、よもや右側や左側の空間に4個全部が偏って存在することはないだろうと普通思います。

*　n個の中から異なるr個を選ぶ組合わせの公式。

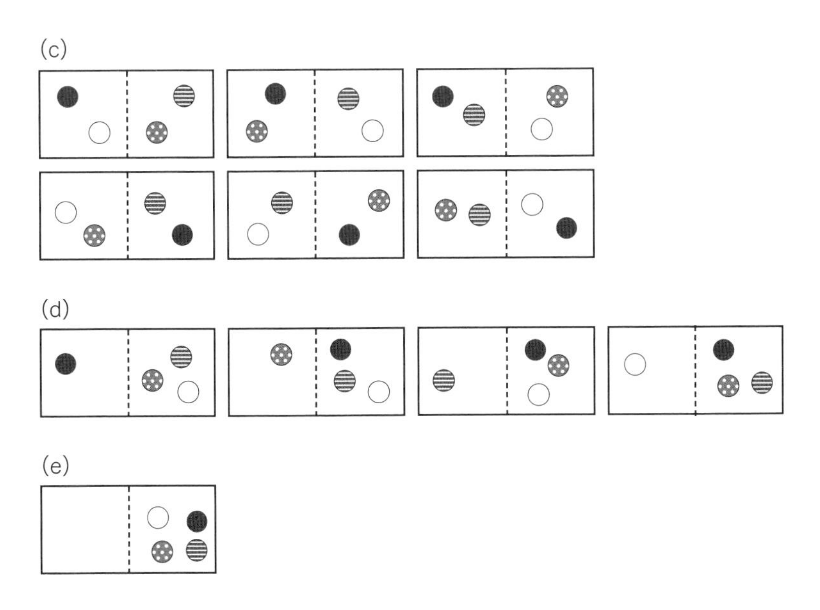

図4-3

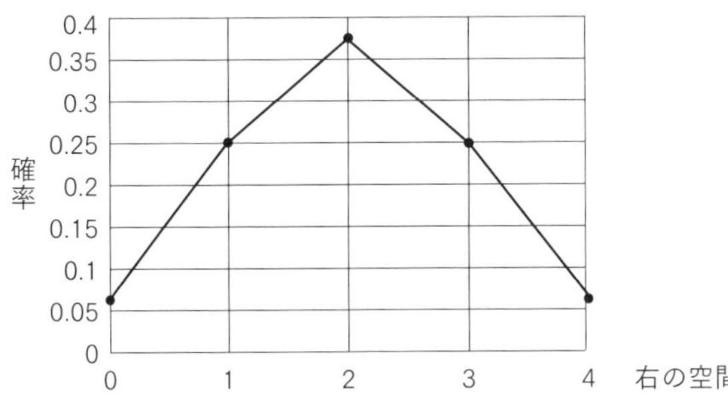

図4-2において右側の空間に入る分子の数とその確率。

こうした私達の常識はかなり正しいものです。

図4-3から分かるように、**左右に均等に分子が分布する確率が最**

も高くなります。別の言い方をすると、十分な時間が経過する過程で、分子は右や左の空間に行ったり来たりできますが、ある時点から左右均等に分布する状態になり、おおよそ、その状態を保つようになると言うことです。

同様のことを20分子について考えてみます。

最初に仕切りを入れた状態で、20分子をすべて左側の空間に入れ、その後仕切りを取り除いて気体分子が自由に左右の空間を行き来できるようにします。十分な時間が経過した時に左右の空間にはどの位の数の気体分子がいるだろうか、ということです。

20分子だと4分子に比べて計算は少し厄介ですが、20分子の中からr分子を選ぶ「場合の数」$_{20}C_r$をrが0から20について求めれば良い訳です。筆算は時間がかかりますが、ExcelやLibreOfficeのCalc等の適当な表計算ソフトウェアを使えばわけなく計算できます。

その結果を図4-4(a)に示します。横軸が右側の空間に入る分子数で、縦軸がその「場合の数」です。(b)には、その分子の数だけ右側の空間に入る確率を示しました。当然ですが(a)の曲線とまったく同じ形で、縦軸が確率に置き替わった曲線です。

左右の空間に10分子ずつ入る「場合の数」が最大になることが分かります。またその「場合の数」は非常に大きいことも分かります。「場合の数」が大きいということは、「その状態を取りやすい」ということですから、気体分子はこの容器の中で分布できる「場合の数」が最大になる方向に自然に分布していくはずです。

「何も特別なことをせず、ただ放っておくだけで変化が進む場合」、科学ではその変化は「自発的に起こる」と表現します。

20個の気体分子を左側の空間に入れた後、仕切りを取り除くと、

図4-4

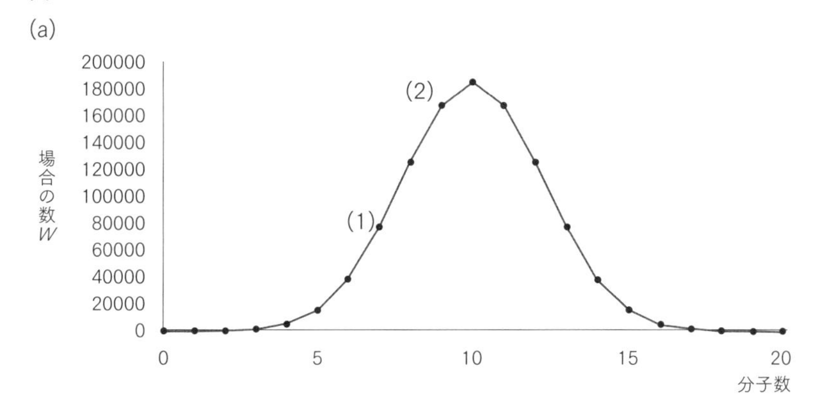

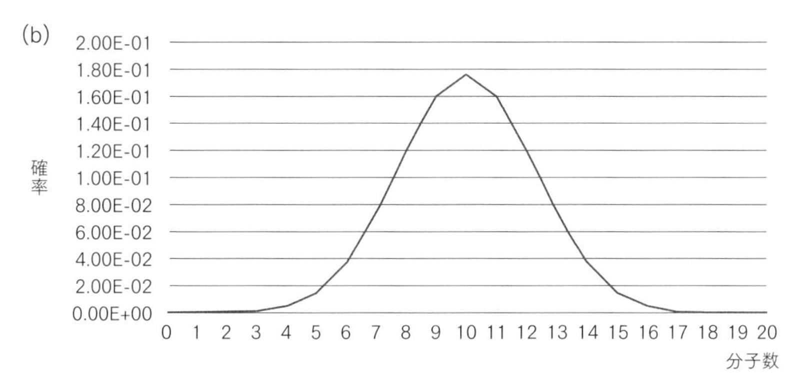

2つの等しい空間の中に20個の気体分子を自由に拡散させた場合、
右側の空間に特定の数の分子が入る場合の数(a)とその状態をとる確率(b)。

気体分子は自発的に容器の全空間に万遍なく分布するようになるということです。この結果は、**取り得るすべての場合の数の大きさに注目すれば、その変化の進む方向(行き着く先)を知ることができることを示します。**

図4-4のグラフの形から見て分かるように「場合の数」の変化の割合から、その状態の変化の速さ（その状態の安定性）についても知ることができます。(1)付近の状態では変化は速く起こりますが、(2)付近の状態では変化は穏やかになります。

ここで場合の数を*W*で表すと、*W*が大きくなる方向に物事は進みます。

たった20個の気体分子が10:10で左右の空間に分布する「場合の数」は実に184,756通りです。気体分子数が4個の時には2:2になる場合の数が6通りでしたので、気体分子数が増えるに従い「場合の数」は急激にとてつもなく大きな数に増加します。

例えば1グラムのH_2分子気体中には、3.01×10^{23}個ものH_2分子が含まれます。このような現実的な数の気体分子を扱う場合「場合の数」の大きさも膨大になるので、*W*をそのまま使って表すと桁数がとても大きい数字になってしまい、不便です。

このような場合、*W*自身ではなく、その**対数**を使って「場合の数」の大きさを表現した方が便利です。対数で表せば、先ほどの184,756もlog184756=5.267になり、扱いやすい数字の大きさになります。ついでに、科学の分野では底にネイピア数（e＝2.71828…）を使う自然対数が用いられます。この自然対数(ln)で表すと、184,756はln184756=12.127…になります*。

対数と言うと難しい数学だと拒否反応を起こしてしまう人が文系には多いですが、単に数字の桁数を少なくするための便法と考えて下さい。1,000,000円と書くのは面倒で、数字の大きさも分かり難いので、1,000千円と書いたり、1百万円と書くのと一緒です。

話を戻します。気体分子の拡散の場合「場合の数」*W*が最大にな

＊　数学者ジョン・ネイピアの名前が由来。円周率などと同様に数学の定数で自然現象や経済活動を表現する場合によく用いられる。

図4-5

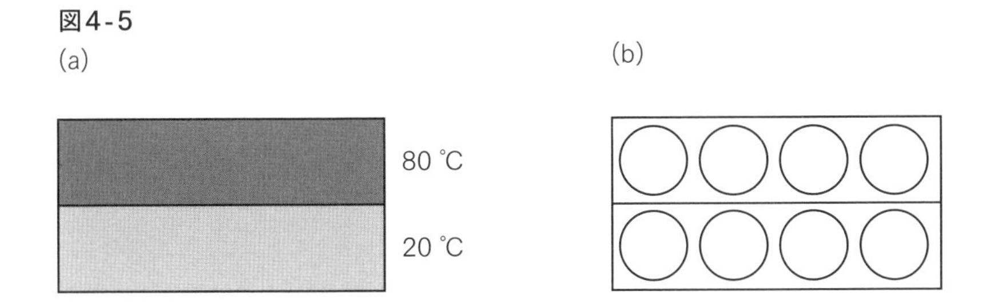

異なる温度の2枚の金属板を重ねた場合。

るように自発的に拡散するので、対数で表せば$\ln W$が最大になる方向に変化は進むことになります。気体分子が左の空間にあるか、右の空間にあるかは分子の状態を示しているので、**化学や物理の世界では、気体分子が存在する「場合の数」を「状態の数」と呼ぶのが一般的です。**そこで、これ以降は適宜「状態の数」あるいは「状態数」という言葉を使います。

もう1つ、状態の変化の簡単な例を考えてみます。図4-5(a)のように80 ℃の金属板と20 ℃の金属板を重ねると、2つの金属板の温度はどう変化するでしょうか？ 2つの金属板の大きさはまったく同じだとします。私達の日常的な経験から80 ℃の金属板の温度は次第に下がり、20 ℃の金属板の温度は上がると予想されます。この当たり前と思える変化を原子レベルで考えてみます。

思い切って単純化し、(b)のように2枚の金属板がともに4個の原子からなるとします。すでに温度は原子や分子の運動エネルギーによるものだとお話ししましたが、そのエネルギーを任意の単位で表します。

図4-6(I)に示すように、最初、低温のAには0単位、高温のBには4単位のエネルギーがあったとします。

0単位しかない場合の状態(数)は1つしかありません。

しかし4単位ある場合はやや複雑になります。各原子は4単位までのエネルギーを持つことができますから、その「場合の数」は「数学IA」で習った「n個の数字から重複を許してr個の数字を選ぶ組合せ」の数になります。つまり、${}_4H_4 = {}_7C_4$なので、35通りです*。

従って、Aでの状態数をW_A、Bでの状態数をW_Bとすると、2枚全体での状態数$W = W_A \times W_B = 1 \times 35 = 35$になります。次に、Bから1単位のエネルギーがAに移った場合について考えてみます。先ほどの組合せを求める式を使うと(II)の状態数は、$W_{II} = W_A \times W_B = {}_4H_1 \times {}_4H_3 = {}_4C_1 \times {}_6C_3 = 4 \times 20 = 80$通りになります。

さらにAからBに1単位のエネルギーが移った場合の(III)の状態数は$W_{III} = W_A \times W_B = {}_4H_2 \times {}_4H_2 = {}_5C_2 \times {}_5C_2 = 10 \times 10 = 100$になります。

金属原子のエネルギー状態が取り得る「場合の数」は(I)→(II)→(III)と増加します。それに従い、高温だったBは冷え、逆に低温だったAは温まっていきます。

(III)になると両方の金属板の温度は等しくなります。(IV)のようにさらにAにエネルギーが移り、Aの温度が上がることは形式的には考えることができます。

しかし私達は経験から、そのようなことは絶対に起こらないことを知っています。

つまり状態数が最大になるところまでは自発的に熱エネルギーの移動は起こりますが、**最大になったところで、熱エネルギーの移動は事実上起こらなくなります。**

* ${}_nH_r$はn個から重複を許してr個を選ぶ組合わせの公式で、${}_nH_r = {}_{(n+r-1)}C_r$が成り立つ。

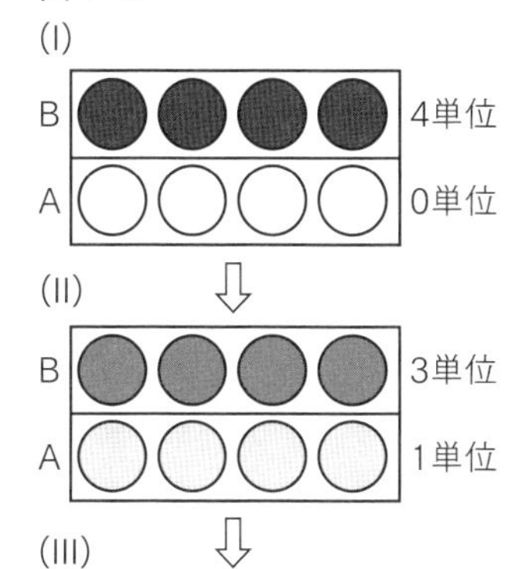

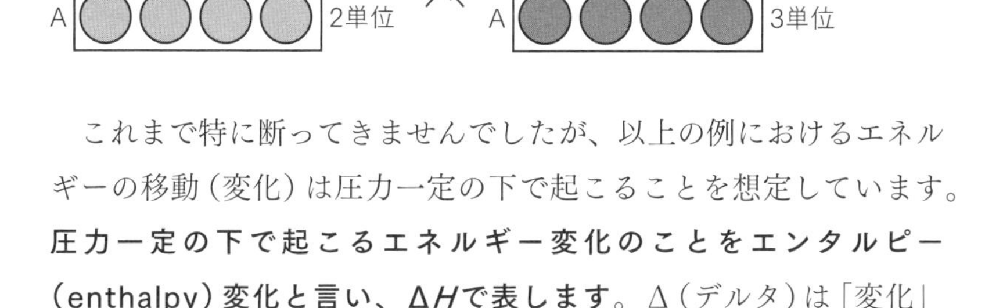

これまで特に断ってきませんでしたが、以上の例におけるエネルギーの移動（変化）は圧力一定の下で起こることを想定しています。**圧力一定の下で起こるエネルギー変化のことをエンタルピー（enthalpy）変化と言い、ΔHで表します。**Δ（デルタ）は「変化」を意味します*。

実は、この本で述べるさまざまな化学現象（変化）はすべて一定の圧力（大気圧）の下で起こるものなので、それらに関する物質が持つエネルギーの変化および物質間のエネルギー移動はエンタルピー変化ΔHで表すことができます。ここではほんの２つの例で示しましたが、**すべての物事は状態数が最大になる方向に自発的に変化します。**

「状態数の大きさ」といちいち言うのは面倒なので、$\ln W$に対応する量を**エントロピー**（entropy）と呼び、Sで表します。つまり、

＊　Δ（デルタ）はギリシャ文字で英語のアルファベットの大文字Dに対応している。

a）$S \propto \ln W$

です。∝は「比例する」ことを示す記号です（エントロピーは状態の数に比例する、という式になる）。

ここでもう一度図4-6を見て下さい。冷たい金属板における状態数の変化について注目してみます。(I)から(II)そして(III)と加える（Bから移動する）エネルギーが増加するに従い、状態数は増加します。

つまり、より多くのエネルギーが与えられれば、各金属原子へのエネルギーの配分の仕方がより多様になります。今、加えるエネルギーの量をΔHとすると、状態数つまりエントロピーの変化ΔSはΔHに比例することを意味します。

一方、金属板の温度は、その時に金属板が持っているエネルギーの量に比例するので、Aの温度TはT(I)＜T(II)＜T(III)になります。すなわち、温度T(I)の状態に1単位のエネルギーを与えると、状態数は1から4に増加し、増加率は4倍になります。一方、少し高い温度T(II)の状態に1単位のエネルギーを与えると、状態数は4から10に増加しますが、増加率は2.5倍に下がります。

つまり、**エントロピーの増加率は元の状態の温度が高いほど少なくなるということです。**何となく奇異に感じることかも知れませんが、私達の日常的な感覚から大きく外れることではありません。

お金に例えると良く分かります。100円しか持っていない人と、10,000円も持っている人に100円あげる場合の、両者の喜びの大きさには大きな差があります。

100円しかなかった人は持ち金が2倍になりますので、使える可能性の幅が2倍に広がります。一方もともと10,000円持っていた人では、100円はわずか1%の増加ですから、それまでのお金の使い方を大きく変えられるという訳にはいきません。当たり前のように何でも手に入る世の中になる程、喜びが少なくなっていくのは自然の法則です。

さてこの結果は、温度Tがエントロピーの変化ΔSに反比例することを示します。従って、先のエネルギー差ΔHと合わせると、

b）$\Delta S \propto \Delta H/T$

ということになります。状態数の増加（すなわちエントロピーの増加）は、その状態に加えたエネルギーΔHに比例し、その時の状態の温度に反比例することになります。SとHに用いる単位系を適当に選べば、上記の関係は等式にすることができます。すなわち、

c）$\Delta S = \Delta H/T$

です。この関係式はとても重要なことを私達に教えてくれます。a）に示した$S \propto \ln W$という比例関係式で、$\ln W$は「状態（場合）の数」でしたが、それが実はエネルギーと関係づけることができることをc）の式は示します。

a）を等式にする比例定数にk_Bを使うと、a）式は、

d）$S = k_B \ln W$

になります。k_Bは**ボルツマン定数**と呼ばれる物理定数で、約1.38×10^{-23} J/Kという値を持ちます*。

ボルツマン定数を使うことで、状態数（場合の数）を換算して得られるエントロピーの量は、「温度当たりのエネルギー」という意味を持つことになります。状態の数（場合の数）という、「物」としての実体がないように見える量が、私達に直接働きかけることができるエネルギーとなって、物事を動かす駆動力になるということです。

状態数の多い方に何となく進むのではなく、圧力を持って推し進められるのです。

これまでの話から分かるように、**自然に（自発的に）進む変化は、必ず「状態の数」が増加する方向に起こります。**

Bという状態の数W_Bが、Aという状態の数W_Aより大きい時に、AからBへの変化が起こります。この時、必ずエントロピーは増加します。つまり$\Delta S = S_B - S_A > 0$になります。

$\Delta S > 0$（正）にならない限り、AからBへの変化は起こりません。私達の日常的な経験では、状態の数が多くなるとは、「乱雑な状態」になることであり、状態の数が少ないということは「まとまっている状態」にあるということです。

例えば、私達の日常において家の中の部屋が整理されている場合は、エントロピーが小さい状態です。一方、散らかっている場合は、エントロピーが大きい状態です。そして、私達の経験から分かるように、部屋を片付けて整理しても、時間が経つと自然に散らかった状態になります。これは別に私達が特に怠惰なのではなく、世の中は、エントロピーが増大する方向に変化は進むものなのです。

これを**エントロピー増大の法則**と言います。

*　K（ケルビン）は温度の単位（136ページ参照）。

図4-7

(a)

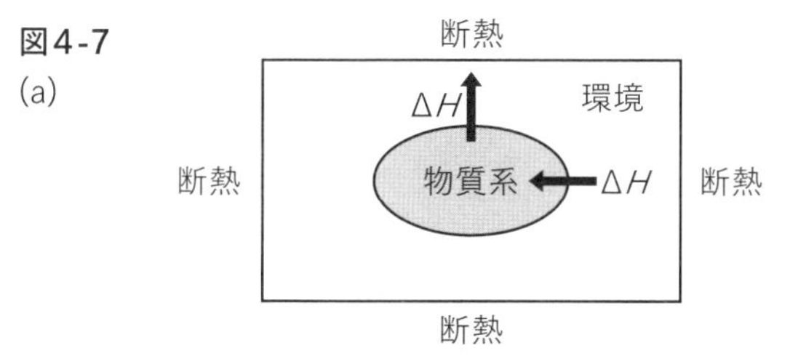

(b)

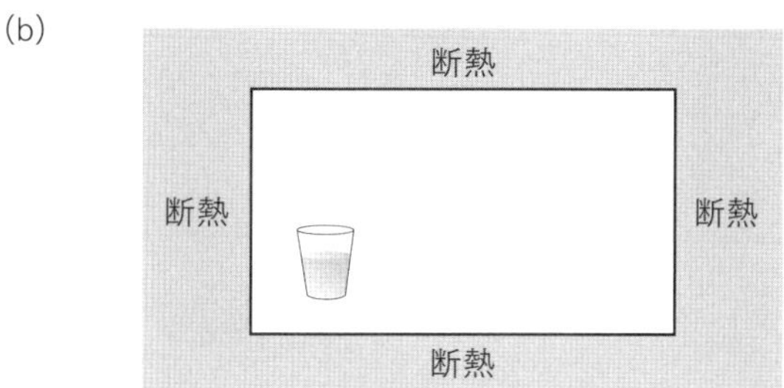

断熱された空間(環境)とその中におかれた物質系の間の熱の流れ。

環境とのエネルギーのやり取り

図4-7(a)に示すように、私達が注目する何らかの物質系の変化はたいていその周囲の環境と密接に相互作用しています。ここで考える環境はさらにその外側の空間とは熱の出入りをしないものとします。これを、この環境は「断熱した状態」にある、と言います。エントロピー増大の問題は少なくとも、ここで言う環境を含めて考える必要があります。

その1つの例として、(b)のように、熱い水を入れたコップを比較的涼しい部屋に放置することを考えます。私達の常識から判断すれば、部屋が十分に広い場合、熱い水は早晩冷えて、部屋と同じ温度になることが推定できます。

これをエントロピーを使って確かめてみましょう。まず熱い水の表面の水分子から、その上にある空気の分子に熱エネルギーが渡されることによるエントロピーの変化について考えてみます。

熱い金属板を冷たい金属板の上に置いた時と同じで、熱エネルギー分布の状態数が増加するように、コップ中の熱い水分子から部屋の冷たい空気に熱エネルギーが流れます。

従って、コップの水分子のエントロピーSは減少するので、$\Delta S_{水} < 0$になり、コップの水という系に関する限り、この変化は自発的には起こらないことになります。

ところが、この時、熱い水の熱エネルギーΔHは部屋の空気の分子に伝わるので、それによって部屋の空気のエントロピーは$\Delta S_{部屋}$だけ増加します。従って、この部屋全体のエントロピー変化は、

$$\Delta S_{全体} = \Delta S_{水} + \Delta S_{部屋}$$

（全体の変化＝水の変化＋部屋の変化）

となり、この$\Delta S_{全体}$が正になるか負になるかが問題になります。コップの中の水の体積に比較して部屋の大きさはずっと大きいので、取り得る状態数はかなり大きくなるはずです。

もしそうであれば、$|\Delta S_{部屋}| > |\Delta S_{水}|$になり、$\Delta S_{全体} > 0$になり、熱水は冷えていきます（$|\Delta S|$の表記は$\Delta S$の絶対値を表します）。もちろん、部屋が極端に狭く、コップと同じ位の小箱程度だと$\Delta S_{部屋}$の大きさは余り大きくならないので、熱水はなかなか冷めないことになります。

このように、私達が注目している物質（それを物質系と呼ぶことにします）における変化を考える場合、その物質が置かれている環

境も含めた全体で考えることが必要です。つまり図4-7(a)のように、物質系と環境の間で熱エネルギーの出入りがあるので、この系全体のエントロピー変化ΔSを考慮しないといけません。

e）$\Delta S_{全体} = \Delta S_{物質系} + \Delta S_{環境}$
（全体の変化＝物質系の変化＋環境の変化）

です。ここで考える環境は断熱されていて、それはさらに大きな空間と接していますが、その空間とは熱の出入りがまったくありません。熱(ΔH)の出入りは物質系と環境の間のみで起こるという理想的な条件を想定しています。これは$\Delta H_{物質} = -\Delta H_{環境}$であることを意味します*。e)式は$\Delta S_{全体} > 0$になる変化は自発的に起こることを示します。物質系と環境との熱の出入りが見える形にe)式を変形すると次のようになります。

f）$\Delta S_{全体} = \Delta S_{物質系} + \Delta S_{環境}$
$= \Delta S_{物質系} + \Delta H_{環境}/T$　※式c)より
$= \Delta S_{物質系} - \Delta H_{物質系}/T$

一番下の式の形にすると、物質系だけに注目して判断できるので便利です。一番下の式の両辺に$-T$をかけて変形すると、次の式になります。

g）$-T\Delta S_{全体} = \Delta H_{物質系} - T\Delta S_{物質系}$

*　物質系と環境はエネルギーの流れる方向が逆のため、10のエネルギーが物質系から環境に流れた場合、$\Delta H_{物質} = -10$で$\Delta H_{環境} = 10$になる。

$\Delta S_{全体}>0$になる方向に物事は進みますので、左辺の$-T\Delta S_{全体}<0$になる方向に物事は進みます。今、$-T\Delta S_{全体}=\Delta G_{全体}$と置き換えると、

$$\text{h)}\ \Delta G_{全体} = \Delta H_{物質系} - T\Delta S_{物質系}$$

となり、$\Delta G_{全体}<0$になる方向に物事は自発的に進むことになります。h)式を使うと、物質系における熱エネルギーとエントロピーだけに注目して、物質系における変化の方向を知ることができるので、とても見通しが良くなります。

h)式で定義されるGのことを**ギブス自由エネルギー**と言います*。

つまり、**ギブス自由エネルギーの符号と大きさによって物質系における、その変化（熱水が冷めるなど）が起こるかどうかが決まるという訳です。**部屋に置いた熱水が自然に冷めるという現象では、熱水（物質系）のエントロピー変化は、$\Delta S_{物質系}<0$になるので、$-T\Delta S_{物質系}>0$になりますが、物質系から環境に熱エネルギーが拡散するので、$\Delta H_{物質系}<0$になり、その$|\Delta H|>|-T\Delta S|$なので、$\Delta G_{全体}<0$になり、熱水は冷めていくことになります。

環境へのエネルギーの拡散の絶対値が少なければ、ある所で熱水の冷却は滞ってしまいます。もし熱水をクーラーボックスなどの断熱性の高い箱に入れておけば、熱水の温度を長時間保つことができます。このような私達の日常的な経験とh)式の言うところは非常によく一致します。

物質系という添え字を取ってh)式を改めて書くと、次のようになります。

*　物理学者ギブスが提唱した。Gが負の値をとる（ギブス自由エネルギーが低い）方へ、自発的に変化が進む。

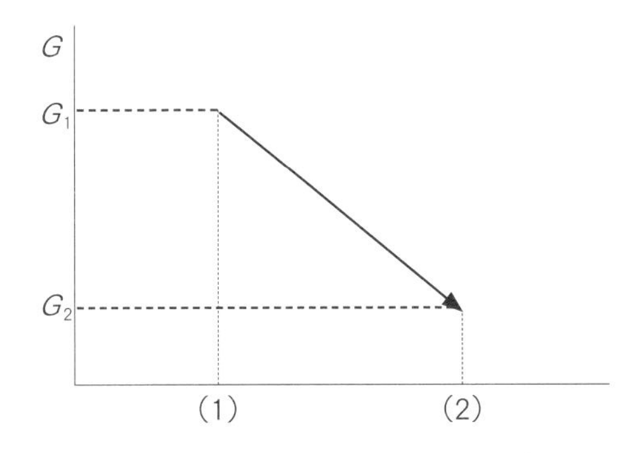

ギブス自由エネルギー(G)が減少する方向に物事は自発的に進むため、(2) へ進む。

i) $\Delta G = \Delta H - T\Delta S$

温度がTである、ある系に与えられたエネルギーがΔHであり、エントロピー変化がΔSある時、$\Delta G<0$になる変化は起こるが、$\Delta G>0$になる変化は起こらないことを、この式は教えてくれます。$\Delta G=0$の時は、現状維持で何の変化も起こりません(後のページでこの状態を平衡状態と呼びます)。

i)式は物事が起こるか起こらないかを判断する上で非常に大事な関係を示します。この関係式だけは忘れないようにして下さい。この式はできたら仏教でいうお念仏のように覚えておいて、折に触れて、その意味を考えたり、何か物事を行うときに指針にして下さい。

物事を進めるためには、絶対に$\Delta G<0$でなければなりません。

図4-8に示すようにG_1からG_2への変化は$G_2<G_1$すなわち$\Delta G=G_2-G_1<0$ですから進むはずです。

越えなくてはならない峠が物質の世界にもある

私達は、おそらくどんな平凡な人生を送るにしても、生きる過程でいくつかの峠(山)を越えていきます。特定の目的が一見達成できるように見えても、実際にやってみると予想外に難航することも珍しくありません。

図4-8で、(1)から(2)への変化は可能性として保証されていますが、どの程度大変なのかは分かりません。前の節の最後で「進むはずです」と、微妙な表現をした理由がここにあります。

実は多くの場合、図4-9(a)のように(1)と(2)の状態の間には峠(山)があります。(1)を川の流れと考えると、(1)と(2)の間が(b)のように坂になっていれば、(1)の川の水は(2)のところまで自然に流れ落ちます。地球上では、水は高い所から低い所に自然に移動するからです(重力があるので)。

しかし、(a)のように(1)と(2)の間に峠があったらどうなるでしょうか?

(1)から(2)に自然に行く可能性はありますが、それを行うためにはまずその間にある峠を越える必要があり、そのためにはそれなりのエネルギーが必要になります。

私達の人生でも、こういう場面が何度となく来ます。それを乗り越えるために私達は「もうひと頑張り」をしようと、かけ声をかけ、力を振り絞ります。**この峠を越えるのに必要なエネルギーのことを、その名も活性化エネルギーと呼びます。**

基本的に活性化エネルギー以上のエネルギーを与えないと、この

図4-9

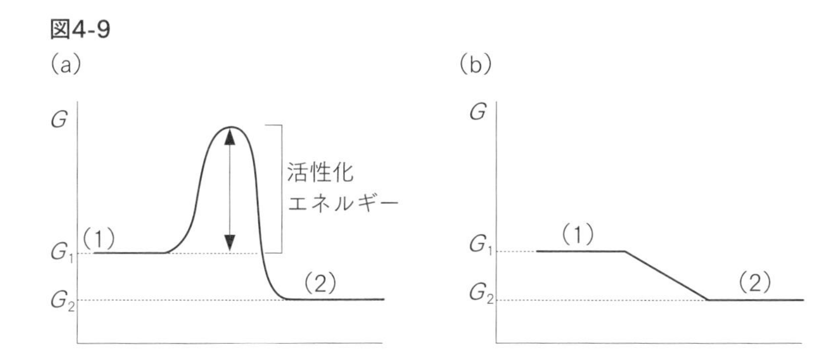

峠を越えるためには活性化エネルギーが必要。

峠は越せないということです。より平穏な土地に行くにも、まずは難所を乗り越えなければなりません。活性化エネルギーの峠を越えなければ(1)にとどまるしかありません。私達の世界では、この峠はその人の努力と才能によって乗り越えるしかありません。**(1)から(2)への変化が自由エネルギーの観点からたとえ保証されていても、それを現実的に実現するためには少なからずエネルギーが必要になります。**誰もが目標を達成できる訳ではないのです。

一方、(1)から(2)への変化が、もし自由エネルギーの観点から保証されていなければ、どんなことをしても(1)から(2)への変化を起こすことはできません。つまり、変化を起こすためにはi)式で$\Delta G<0$であることが大前提ということです。

峠越えができる分子達は何が違うのか

まず、ここで温度の単位の話をします。

そもそも温度とは原子や分子の運動の度合いを表現するものです。すでに述べたように、室温でも分子はえらい勢いで飛び回っています（運動しています）。しかし、温度を下げていくと、運動は次第に鈍くなっていきます。そしてある温度に達すると、すべての動きが完全停止の状態になります。

すべての原子や分子が静止するこの温度を絶対0度と言い、0 K（ケルビン）で表します。0 Kは－273 ℃に相当するので、摂氏温度と同じ目盛幅で温度を目盛ると、0 ℃は273 Kになります。このKで表す温度を**絶対温度**と言います。

図4-10で、容器に入れた気体分子の動き（運動）について考えてみます。5分子しかない仮想的な条件です。

温度が絶対0度（0 K）の時にはすべての分子はその場に静止しています。温度を少し上げると分子は動き出します。動きは自由ですから、方向はまちまちです。分子が運動する速さをv、分子の質量（重さ）をmとすると、その速さで動き回る分子が持つエネルギー（運動エネルギー）は$(1/2)\,mv^2$*で表されます。この運動エネルギーの単位も、もちろんジュール(J)です。

図4-10の空間には5分子しか存在しないので、かなり密度の低い空間ですが、しばらくすると分子同士が衝突することもあります。すると、分子同士で運動エネルギーの受け渡しが発生して、衝突後により高い運動エネルギーを持つ分子も現れます。また衝突後に運

* 運動エネルギーの公式。物体の運動エネルギーは質量mと速度vの2乗に比例する。

図4-10

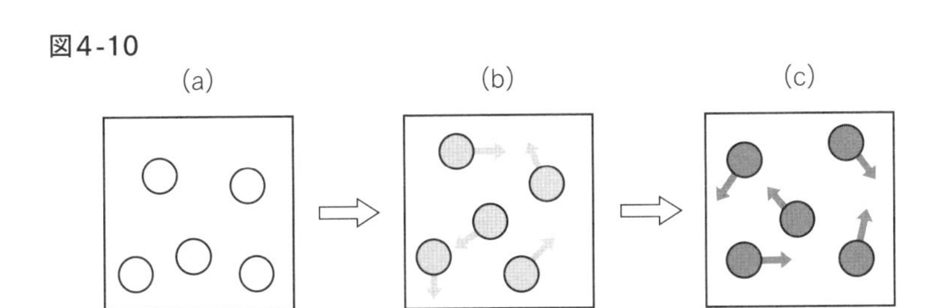

温度を上げると気体分子の運動は活発になる。

動エネルギーの一部を失う分子も現れます。このようなことが容器の中で何度も何度も起こり、十分長い時間が経つと、全体として落ち着いた状態になります。**この状態を平衡(へいこう)状態と言います。**

平衡状態になった容器の中の気体分子のエネルギーはどのような状態になるのでしょうか。

全体として落ち着いているので、すべての気体分子は同じ運動エネルギーを持っているのでしょうか？

実はここにもエントロピー増大の法則が厳然と成り立っています。つまり状態数が最大になる状態になるということです。5個の分子だと現実的でないので、1モルの分子すなわち6.02×10^{23}個の分子の集団について考えてみます。

酸素分子であれば、これほどの数の分子が集まっても高々32 グラムの重さです（重めのボールペン1本の重さです）。温度0 ℃(273 K)および1気圧という状態（これを標準状態と呼びます）では、1モルの気体の体積は約22.4 リットルです。小型の普通自動車のガソリン・タンクの容量の半分弱程度の体積です。

今、1モルの気体分子が入った容器を27 ℃(300 K)にしたとします。この容器に入った気体分子が平衡状態に達した(気体を容器に入れた後、十分長い時間が経ったということです)時に、容器内の気体分子の速さ(運動エネルギーに比例します)とその速さを持つ分子の数との関係をグラフにすると、図4-11のようになります。

この図で横軸は分子の速さですが、分子の運動エネルギーは速さの2乗に比例するので、横軸は分子が持つ運動エネルギーと考えることができます。このグラフは酸素分子について計算したものです。

このグラフはいくつかの特徴を持っています。まず山がかなり非対称であるということです。曲線は分子の速さ(運動エネルギー)と共に急上昇し、頂点に達してから、今度は緩やかに下がっていきます。

私達の日常的な感覚(というより期待)からは、平均の速さ(運動エネルギー)を持つ分子の数が最大になる気がします。
しかし図4-11の例では、平均の速さは約446 m/sで、曲線の頂点約400 m/sより大分右側に寄ります。つまり、その速さを持つ分子数が最大になる時の速さは全分子の平均的な速さより少ないということです。

すべての分子が速さ(運動エネルギー)0から出発して、環境の温度を上げていくと、いつしか分子の速さ(運動エネルギー)は均一(平等)ではなく、大きく偏った分布をとるようになります。氏素性にまったく関係なしに、持っているエネルギーの量に大きな差が自然に出てくるのです。状態の数が最大になる方向に物事は進むという、単純なエントロピー増大の法則のみがこの変化を支配しています。**この特異な分布をボルツマン分布(またはマクスウェル・ボルツマン分布)と言います**[*]**。**

* 物理学者L.E.ボルツマンとJ.C.マクスウェルにちなんで名付けられた。

図4-11

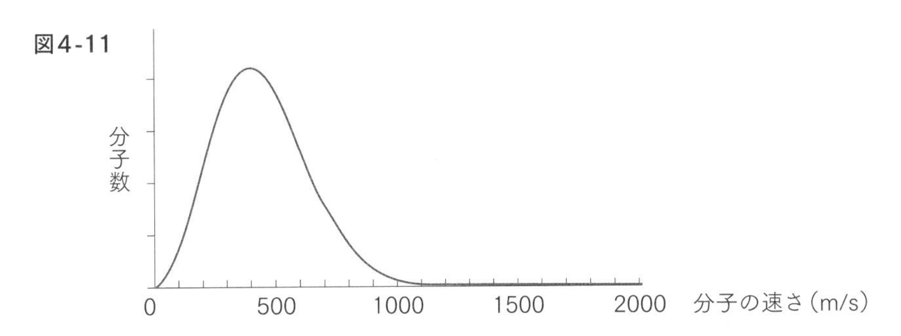

分子の速さ（m/s：横軸）とその速さを持つ分子数(任意のスケール：縦軸)の関係。

図4-12 ※平成21年調査（出典：厚生労働省／公開2010.5.20）

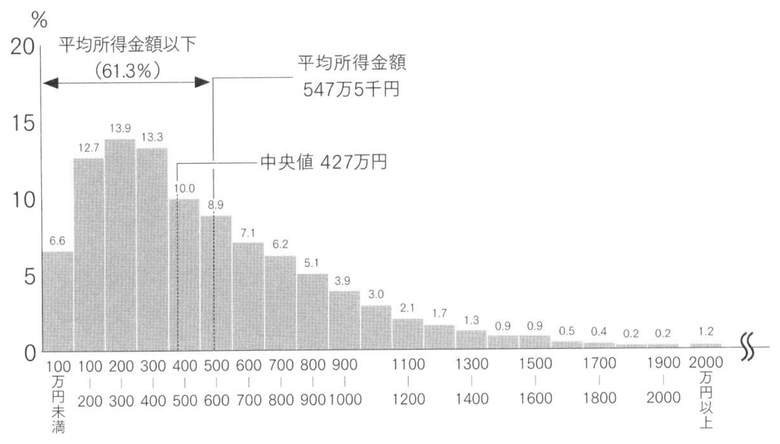

国内の世帯当たりの所得額のヒストグラム。
縦軸は、特定の所得額領域の所得を持つ世帯の割合を示す。

図4-12に示したのは、厚生労働省が平成21年度に調査した国内の世帯当たりの所得額のヒストグラムです。明らかにボルツマン分布に近い形をしていることが分かります。各世帯は各々異なる経済

的な履歴を持っているはずですが、巨視的に見ると氏素性のまったくない気体分子の挙動と非常に類似した挙動をとることを、このヒストグラムは示します。

このことは、私達が社会のあり方を考える上で非常に重要な真理ですが、ここではこれ以上踏み込まないことにします。

図4-11を再度見て下さい。

ボルツマン分布には少なくとももう1つの重要な特徴があります。この例では、平均の分子の速さは約446 m/sですが、曲線が右側に伸びるために、平均より速い分子の数がかなりたくさんあることが分かります。

例えば、平均の速さの5倍近い速さである2,000 m/sで動く分子は、全体から見れば極めて少数派ですが、約6.3×10^{11}個も存在することになります。

変な言い方ですが、平穏で落ち着いてしまっている世の中にでも、皆が決して平均的になる訳ではなく(もちろん大多数は平均的ですが…)、志を持って、かつ実行力のある人はいつでも少数ながらいるということです。

ボルツマン分布のもう一つの特徴を図4-13に示します。

ボルツマン分布は温度によって変化します。この図には温度を300 Kから400 Kに上げた場合の変化を示します。分布の頂点は右に少し移動し、かつ山がよりなだらかになり、より高速度(エネルギー)側まで広がります。

例えば、1,000 m/secの速さを持つ分子の数は温度が上昇するに伴い、3倍以上になります。

つまり温度を上昇することにより、少数ではあっても、平均より

図4-13

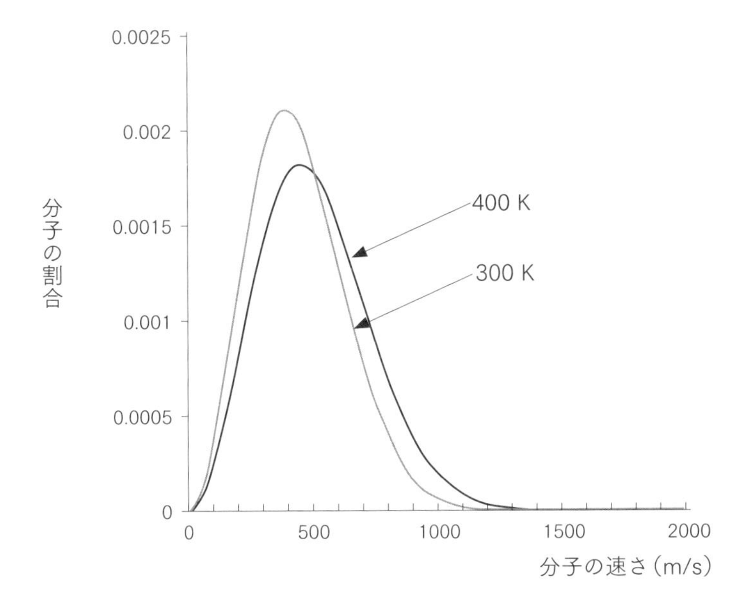

温度によって変化するボルツマン分布。

かなり速く動く(エネルギーの高い)分子を生み出すことが可能であることを示します。

このボルツマン分布が示すように、温度を高くすることで、活性化エネルギーの峠を越えるような、かなり大きなエネルギーを持った分子の数を増加させることができます。

化学反応を進める時に熱する理由は、実はこのような活性化エネルギーの峠を越えることのできる分子の数を増やすことにあります。

物質の変化を決める電子の動きをエントロピーから理解する

まずは2章で述べたことの復習をします。図4-14(a)や(b)に示すように、2重結合にある電子の内、π電子は結合している原子の間にじっとしておらず、なるべく広い範囲に行き渡ろうという性質を持っています。

その結果、2重結合の隣にある結合にまで可能であれば電子は滲出(しんしゅつ)し、図に示すように広い範囲に電子はどんどん広がります。

エントロピーの話を思い出して下さい。

広がる領域が広いということは取り得る状態の数が大きくなることに相当します。電子が持っている、動きやすいという性質は、別に電子が特に異常だからではありません。

また(c)のように、電気陰性度が大きく異なる原子が結合すると、結合をつくる電子は電気陰性度の高い原子の方に引っ張られて動きます。この場合は、塩素原子はわずかにマイナスの電荷($\delta-$)を帯びるようになります。電子が塩素原子の方に動いてしまうので、H原子にいる電子は少なくなり、H原子はわずかにプラスの電荷($\delta+$)を帯びることになります。このような電子の移動による電子(電荷)の偏りは、その程度に大小はあるものの、ほとんどすべての分子内で見られます。

これが化学反応を起こさせる重要な条件になっています。

電子の自由な動きは分子内にとどまりません。図4-15の(I)に示したエチレン分子と塩化水素分子について見てみましょう。まずエチレン分子です。2つの原子の間にある2本の結合の1本であるπ結

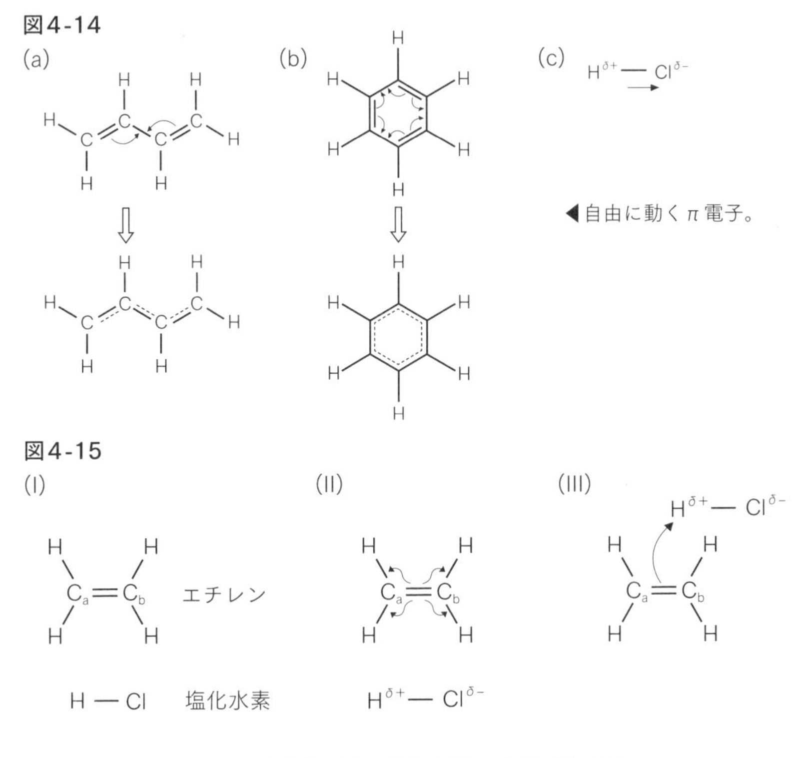

◀自由に動くπ電子。

エチレンと塩化水素の反応。電子の移動が決め手。

合をつくるπ電子は、もう1本のσ結合にあるσ電子より、広い領域に自由に分布する性質を本来的に持っています。(II)に示すようにπ電子の動きは活発です。一方、H－Cl分子では、図のように電子の分布に偏りがあり、H原子はプラスの電荷を少し帯びています($H^{\delta+}$)。この2分子が近づくと、(III)のようにエチレン分子のπ電子がHCl分子のH原子の電子不足を解消するように移動します。電子の移動は、矢印で示します。

$H^{\delta+}$にπ電子が移動すると、HとCl原子を結合していた電子（σ電子）が反発されCl原子側に押しやられます。もともとCl原子の価電子は7個で、できたら8個にしたいという欲求を持っているので、Cl原子はすぐさまπ電子との反発により近づいてきたこの電子を引き取り、Cl^-イオンになります。Cl^-イオンは価電子を8個持つので安定になります。

一方、移動したπ電子は1つのC_a原子と元はHCl分子にあったH原子との間で共有されるようになります。しかし、そのことはC_b原子からπ電子を取ってしまうことになるので、C_b原子はプラスの電荷を帯びる状態（電子が1個足りない状態）になります。この状態を(IV)に示しました。

(IV)の状態ではプラスとマイナスの電荷が明確に存在するので、それが分離した状態は不安定になり、すぐさまCl^-イオンはC_b^+に接近し(V)、電子を共有することで、C_b-Cl単結合がつくられ、クロロエタン分子が生成します(VI)。(IV)と(V)では、分子などを[ ]で括りましたが、この括弧はそれらが存在する時間が極めて短く、不安定な状態であることを示します。図4-15はエチレン分子と塩化水素分子を混ぜると、分子間での電子の流れにより、クロロエタンという新たな分子がつくられることを説明しています。

図4-16に、分子間の電子の流れによる化学反応の例をもう1つ示します。170 ℃で、エチルアルコールと過剰の濃硫酸（濃度の高い硫酸）を作用させると何が起こるか、です。非常に強い酸と高い温度をかけるので、かなり激しい条件の反応です。中学校の理科で、硫酸は水に溶かすと、水素イオン(H^+)と硫酸イオン(SO_4^{2-})に電離することを学びます(b)。中学校では、そもそもなぜ電離するのか

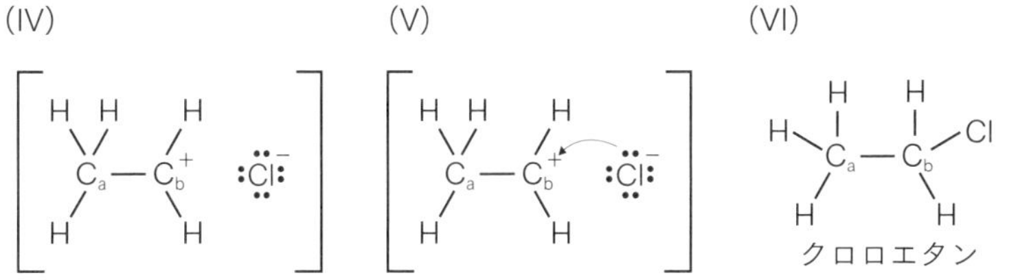

(IV)

$$\left[\ \mathrm{H_2C_a{-}C_b^{+}H_2}\quad :\!\ddot{\underset{..}{Cl}}\!:^{-}\ \right]$$

(V)

$$\left[\ \mathrm{H_2C_a{-}C_b^{+}H_2}\ \leftarrow\ :\!\ddot{\underset{..}{Cl}}\!:^{-}\ \right]$$

(VI)

$$\mathrm{H_3C_a{-}C_bH_2Cl}$$

クロロエタン

図4-16

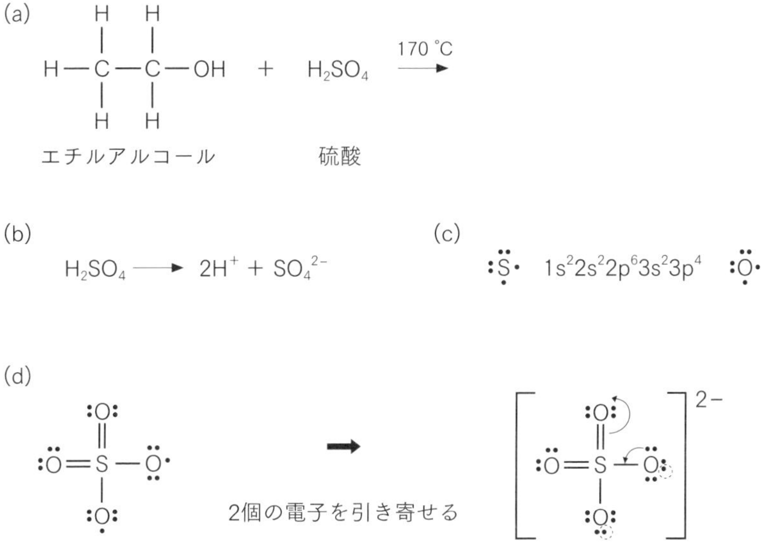

(a)

$$\mathrm{H{-}\underset{H}{\overset{H}{C}}{-}\underset{H}{\overset{H}{C}}{-}OH} \;+\; \mathrm{H_2SO_4} \xrightarrow{170\,^{\circ}\mathrm{C}}$$

エチルアルコール　　硫酸

(b)

$$\mathrm{H_2SO_4} \longrightarrow \mathrm{2H^{+} + SO_4^{2-}}$$

(c)

$$:\!\dot{\ddot{S}}\!\cdot \quad 1s^2 2s^2 2p^6 3s^2 3p^4 \quad :\!\dot{\ddot{O}}\!\cdot$$

(d)

$$\mathrm{SO_4}\ \longrightarrow\ \left[\ \mathrm{SO_4}\ \right]^{2-}$$

2個の電子を引き寄せる

エチルアルコールと硫酸の反応。

を習っていないので「なぜ」とずっと思っていた人も少なくないと思います。まず、そこから話を始めます。

硫黄(S)原子の価電子は酸素(O)原子と同様に6個です(c)。従って4個の酸素原子と1個の硫黄原子が結合する方法は(d)のようになります。2本の結合は二重結合で、もう2本の結合は単結合です。単結合でS原子に結合したO原子の価電子は7個ですから、外から電子を1個引き込み、安定な8個にしたい強い傾向を持っています。その結果、2個の電子を引っぱり込み、O原子はマイナスになり、SO_4全体はSO_4^{2-}になります。

(d)の右の構造式を(e)に転記して、この構造式の特徴を見てみましょう。(I)の四角で囲った部分についてまず注目します。O原子はS原子より電気陰性度が大きいので、二重結合のπ電子はO原子の方に引っ張られます。その電子の移動を矢印(A)で示します。この電子の移動が起こると、S原子の電子は少なくなりますのでS原子はプラスの電荷を帯びることになります。その右横のO原子の非共有電子対は本来動きやすい性質を持っているため、1つの非共有電子対がすぐさまS−O結合に矢印(B)のように流れ(II)、そこにπ結合を作ります(III)。(III)の構造は二重結合と単結合の位置が入れ替わっただけで(I)と本質的に同じです。同様の電子の流れは他のO原子でも起こります。

その結果、図4-17に示すように少なくとも6種類の構造をとることが可能です。しかし、実際にはそれらの中間の構造もとっていると考えられるので、図4-18に示すように、すべてのS−O結合中に電子が駆け巡っているような構造をとっているに違いありません。

つまり解離した硫酸イオンがとり得る状態は非常に多くなるということです。**状態数すなわちエントロピーの大きくなる方向に物事は進む**ので、図4-18に示すように、硫酸は水溶液中では(I)ではなく、迷いなく(II)の構造をとっていると考えられます。このような電子の非局在化の効果と価電子を8個にしたいというO原子の強い

(e)　(I)　(II)　(III)

(A)　(B)　$2-$

図4-17

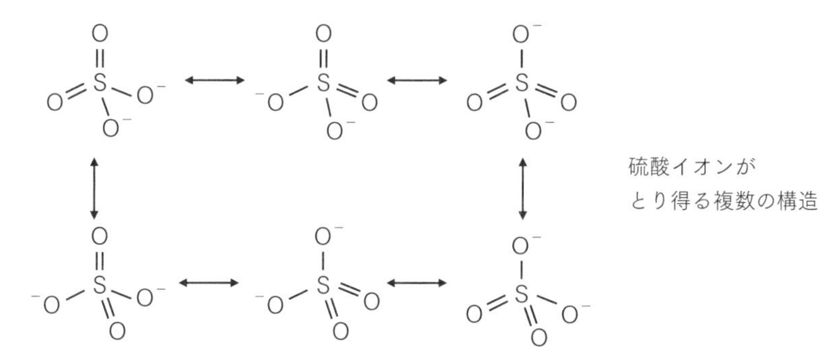

図4-18

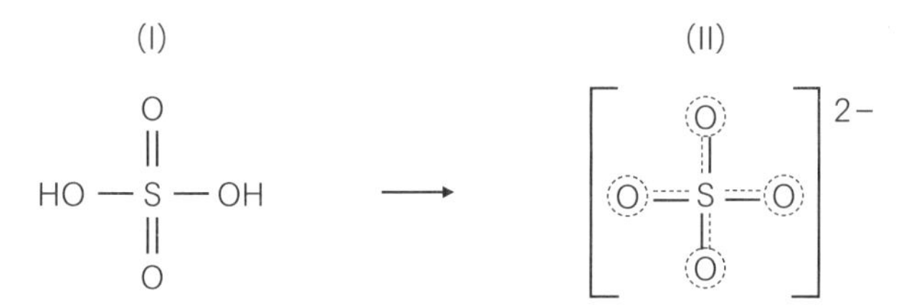

水溶液中で硫酸イオンが取る構造。

傾向によって硫酸は$2H^+$とSO_4^{2-}になるのです。2章で述べた電子の性質がそうさせるのです。

電子のこの基本的な性質を知っていれば、たいていの化学的変化が起こる理由は理解できます。さらに化学的変化を予測することさえできます。

だいぶ寄り道をしてしまいました。エチルアルコールと硫酸の反応に戻ります。実はここまで長々と書いた硫酸イオンは直接には反応に関係しません。硫酸が硫酸イオンになりやすいということは、H^+イオンが非常に生成しやすいということを意味します。この反応で硫酸から欲しいのは硫酸イオンではなく、H^+イオンです。多量のH^+イオンを生成するため硫酸イオン生成の性質を利用するのです。

さて、このようにH^+イオンが生成しますので、H^+イオンがエチルアルコールと反応することになります。

改めて、この反応を図4-19(a)に示します。エチルアルコール分子中で電子が自由に動けそうな場所は1箇所で、O原子のところです。O原子には非共有電子対が2対あります。これらの電子は満足してはいる(外殻電子が形式的に8個なので)ものの、機会があれば外の世界に行きたいという希望(?)を持っています。(b)に示すように、そこに電子不足のH^+イオンが近づくと、その誘いに1個の共有電子対は乗り、2個の電子ごとH^+の方に矢印(A)のように移動します。

すると(c)のようにO原子にH^+が結合することになります。新たにできるO－H結合はO原子からの電子のみでつくられており、この結合の電子の幾分かはH原子側にも流れています。従ってO原子は元の中性の状態ではなく、プラスの電荷を帯びることになります。

その結果、O原子とそれに結合した2つのH原子は電子不足の状

図4-19

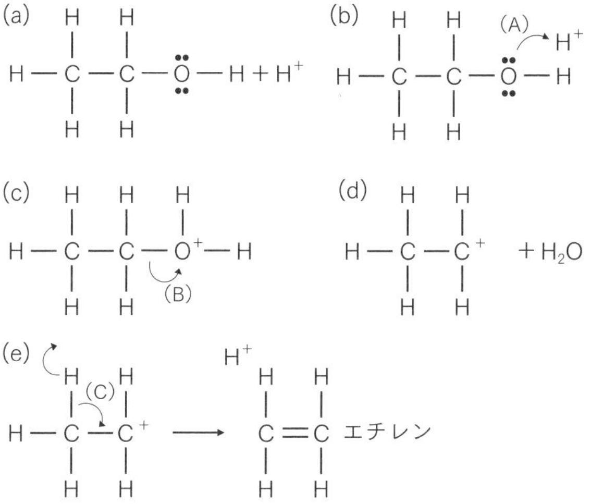

エチルアルコールからエチレンへの化学変化に伴う電子の流れ。

態にあります。この電子不足の状態を解消しようと動くのが、C−O結合をつくっている電子です。

隣の家の窮状を身をもって解決しようということです。C−O結合の電子をO原子側に差し出すということは(d)に示すように、C−O結合が切れることを意味します。O原子は2つのH原子と安定な結合をつくり水分子になり、元いたエチルアルコール分子から離れます。後に残されるのは、(d)の左側にある何となく中途半端な分子です。C−O結合をつくる電子がそっくりO原子に移ってしまうので、C原子は電子が不足した状態になります。

つまり(d)に示すように、C^+になります。C^+は不安定なので、付近から電子を引っ張り込み、中性になろうという強い傾向を持っています。C−C結合の電子より、C−H結合の電子の方の自由度が高いので、(e)に示すように、隣のC−H結合の電子が$C-C^+$結合の電子不足を解消するように使われ(C)、その結果電子を失ったH原子はH^+となって、分子から離れると同時に、2つのC原子間の結合は二重結合になり、エチレン分子ができます。最初にエチルアルコールにH^+イオンが結合して、エチルアルコールのO−Hと共に水分子になることで、そのH^+は消費されましたが、ここでH^+イオンが生じて元の状態に戻ります。

図4-19の反応をまとめると、結局、図4-20の(a)や(b)のように記述することができますが、この反応を進めるためには図4-19に示すように電子が目まぐるしく動き回る必要があります。電子が自由に動き回ることができるので、化学反応は進みます。

従って、**電子の動き方が理解できれば、化学は理解できることになります。**

以上で、反応が進むとしたら、その仕組み(これを反応機構と言います)はどのようになるかが分かりました。

それでは、この反応は実際に進むでしょうか?

自由エネルギー変化を調べて、この問題を考えてみましょう。

まずエントロピーの変化を見てみます。図4-20(b)のまとめた反応式で考えます。硫酸は両辺にあるので、変化なしで考慮の対象外です。(b)の右辺には1分子のエチレンと1分子の水があります。それに対して左辺には1分子のエチルアルコールしかありません。粒子数から考えると、右辺の方が2倍になります。また水とエチルアルコールは液体ですが、右辺のエチレンは気体です。

これらのことから、**状態数の大きさで見ると、右辺の方がずっと大きくなる**ので、化学変化により、エントロピーは増大することが分かります。

図4-20

(a)

$$H_3C\text{—}CH_2\text{—}\ddot{O}H + 2H^+ \xrightarrow[\text{濃硫酸}]{170^\circ C} H_2C{=}CH_2 + H_2O + 2H^+$$

(b)

$$H_3C\text{—}CH_2\text{—}OH + H_2SO_4 \longrightarrow H_2C{=}CH_2 + H_2SO_4 + H_2O$$

エチルアルコールと濃硫酸を混ぜて加熱すると、エチレンがつくられる。

つまり、この化学変化による$\Delta S>0$であり、エントロピー変化は反応を右側に進ませることを示します。

それでは分子が持つエネルギーの変化、エンタルピー変化ΔHはどうなるでしょうか？

(b)の左辺の分子の結合の一部が切れ、右辺の分子で新たな結合が生成しています。それが化学変化です。つまり左辺と右辺で結合の種類と数が変化し、それにより分子が持つ結合エネルギー（エンタルピー）が変化します。

つまり、左右にある分子の結合エネルギーの変化が左右にある分子の持つエネルギー変化すなわちエンタルピー変化ΔHになります。巻末付表にある結合エネルギーの値を使って図4-20(b)の両辺の結合エネルギー（エンタルピー）を見積もってみましょう。

その結果は表4-1のようになります。

反応に伴うエンタルピー変化ΔHは右辺の結合エネルギーから左辺の結合エネルギーを引けば、求められます。つまり、

$$\Delta H = H_{結合}（エチレン＋水）- H_{結合}（エチルアルコール）= 31\ (kJ/mol)$$

となり、大きな正のΔHになります。

大きくなるΔSを考慮しても$\Delta G < 0$にはなりません。自由エネルギー変化を図示すると、図4-21のようになります。エチルアルコール自身の方が、エチレン＋水より自由エネルギーが低いので、どんなに反応機構上は反応できても、このままでは反応は進みません。だから最初にお話ししたように、高い温度をかけ、かつ硫酸を用いるのです。さらに、この反応ではカルボカチオンという非常に不安定な状態（エネルギーの高い状態）を乗り越える必要があります。つまり、活性化エネルギーが高いということです。

従って、単にΔHに相当する熱を供給するだけでなく、この活性化エネルギーの峠を越えることのできるエネルギーを環境から供給してやらなければなりません。この例は正に、

$$\Delta G_{全体} = \Delta G_{物質系} + \Delta G_{環境} < 0$$

を実現する上で$\Delta G_{環境}$が重要な役割を果たす例です。$\Delta G_{物質系}$は大きな正の$\Delta H_{物質系}$のために正になりますから、$\Delta G_{環境} < 0$、すなわち環境から物質系にエネルギーを供給して（加熱して）、$\Delta G_{全体} < 0$に

表4-1

左辺　エタノール

結合	本数	結合エンタルピー（kJ/mol）
C−H	5	414
C−C	1	346
C−O	1	351
O−H	1	460
	合計	3227

右辺　エチレン+水

結合	本数	結合エンタルピー（kJ/mol）
C−H	4	414
C=C	1	620
O−H	2	460
	合計	3196

図4-20(b)の化学反応に関わる分子内の結合エンタルピー（エネルギー）の見積り。

図4-21

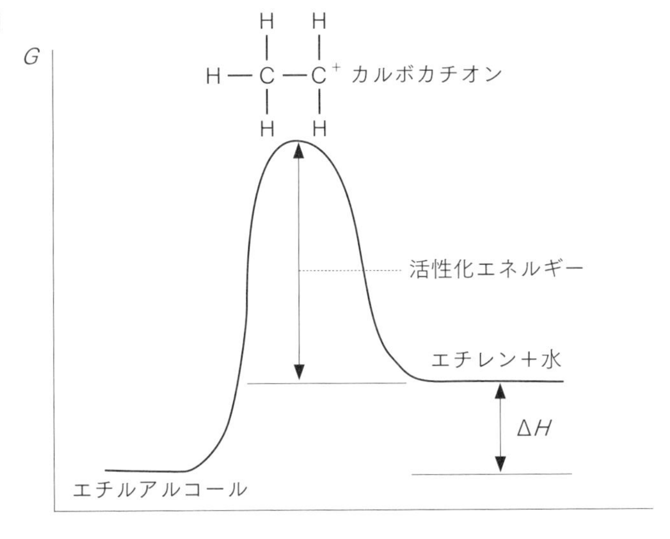

エチルアルコールからエチレンをつくる時に乗り越えなくてはいけない活性化エネルギーの山。

することで、反応が進むのです。

反応が進む仕組みがなければそもそも反応は進みませんが、さらに全体としてギブス自由エネルギーを負にする条件にしなければ、反応を実際に進めることはできません。

これは人間社会での反応（変化）でもまったく同じです。「計画上は上手く行くはず」ということと「実際にそれが上手く進む」ということの間には大きな隔たりのある場合が少なくありません。この例のように、全体としてその事象を進める方向にあるかどうかを常に考慮すべきです。

電子の移動によって起こる酸化と還元とは

温室効果ガスを放出しないなどの理由から水素分子を燃料とする試みが始められています。利用法の中で、水素分子を直接燃やすのではなく、燃料電池として利用する方法があります。

図4-22(a)にその簡単な仕組みを示します。

この電池は大きく分けて、5つの部分からなります。①と⑤の空間には各々水素ガスおよび空気を入れます。②と④は膜電極、そして③は高分子膜電解質です。

①に取り込まれた水素分子は②の電極で、(b)に示すように、水素イオンと電子に分かれます。電子は(A)から(B)の方に流れます。従って(A)は陰極に、(B)は陽極になります。水素イオンは③の高分子膜電解質を通り④の電極側に行きます。

一方、⑤に取り込まれた空気の中の酸素分子は④の膜電極で左か

図4-22

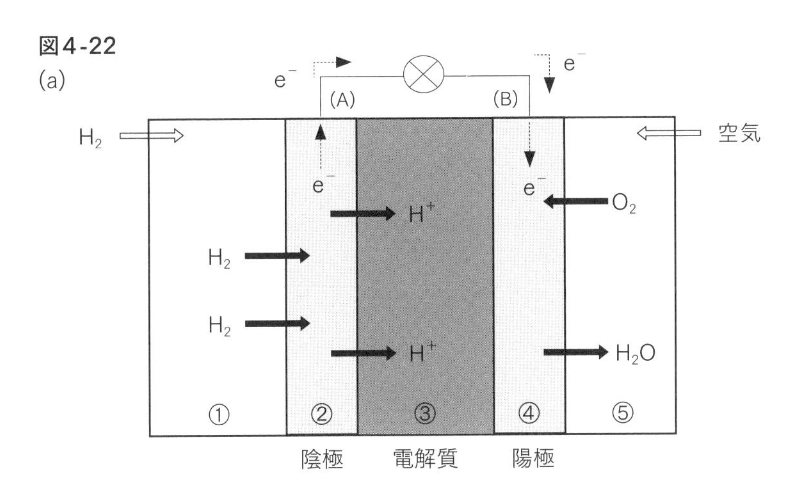

水素燃料電池の仕組み。

(b) $H_2 \rightarrow 2H^+ + 2e^-$

(c) $\frac{1}{2}O_2 + 2H^+ + 2e^- \rightarrow H_2O$

(d) $H_2 + \frac{1}{2}O_2 \rightarrow H_2O$

ら流れて来た水素イオンと(B)から入って来る電子と(c)のように反応して水分子をつくります。全体の化学反応は(d)になり、水以外のものは生じません。

これら一連の反応が大量の水素分子と酸素分子の間で起こると、十分な量の電子の流れ（電流）が得られるので、その電流を使いモーターが回せます。

さて、ここでの話のポイントは燃料電池の特徴ではなく、水素分子と酸素分子の挙動です。

図4-23(a)の水素分子の水素イオンへの変化をまず見てみます。2つのH原子が結合すると、原子間の電子は2つのH原子に等しく分布します。その結合が切れて、H^+イオンになると、H^+イオンにはもはや電子がなくなります。このように**電子が失われることを、酸化と言います。**この言葉を使うと、「H_2分子中のH原子は酸化されて、H^+イオンになった」と表現できます。

一方、(b)にあるO_2分子が水分子になる時のO原子の電子状態はどうでしょうか。

O_2分子のO＝O結合をつくる電子は両側のO原子に等しく属しますから、1つのO原子には6個の電子が帰属することになります。元々O原子の価電子は6個でしたから当たり前のことです。

それではO原子がH原子と結合して水分子をつくった場合はどうでしょうか。O原子の電気陰性度はH原子よりずっと大きいため、H原子との共有結合に参加する2個の電子も引き寄せてしまうので、O原子周りの電子数はほとんど8個になってしまいます。

つまりO原子は中性の状態より電子を多く持つことになります。この変化を**還元**と言います。

一方、中性状態のH_2分子中でのH原子には1個の電子が帰属していましたが、H_2O分子中では電気陰性度の高いO原子に取られてしまい、電子を失ってしまいます。つまりH原子は水分子になる時に、酸化された、ことになります。

実際に移動する電子の量（電荷）は切りの良い数字にはなりませんが、便宜上整数で表現すると、その原子が酸化されたか、還元されたかを見分ける時に使うことができます。**この数字を酸化数と言**

図4-23

(a) $H_2 \rightarrow 2H^+ + 2\bullet$

H:H → $2H^+ + 2\bullet$

(b) :Ö::Ö: → H:Ö:H
H:H

水素分子は酸化され、酸素分子は還元される。

図4-24

$$X \xrightarrow{H} XH \quad X\text{は還元された}$$

$$X \xrightarrow{O} XO \quad X\text{は酸化された}$$

います。

(a)において、H_2分子中のH原子の酸化数は0であり、H^+になると電子が1個減るので、+1になるとします。また(b)において、水素分子中のH原子の酸化数は0であり、O原子と結合して水分子になると、H原子の電子が1個見かけ上なくなるので、その酸化数はやはり+1になります。H原子は酸化されたことになります。

一方、酸素分子中のO原子の酸化数は0であり、水分子中では電子が2個増え、酸化数は−2になるので、O原子は還元されたことになります。

図4-24に示すように、H原子またはO原子の着脱が明確にある時は、その着脱に注目すれば酸化と還元が容易に判断できます。すなわち、**H原子が結合するとその原子は還元され、O原子が結合するとその原子は酸化されることになります。**

少し分かり難いかも知れませんので、もう少し例を示します。

図4-25に、C原子のみからなる炭などを燃焼させる時の化学反応を示します。できるのは二酸化炭素CO_2です。

先のルールから行けばC原子は酸化されたことになります。左辺のC原子は炭などの固体状態で、酸化も還元もされていないので、その酸化数は0です。O原子の方がC原子より電気陰性度が大きいので、二酸化炭素になるとC原子のすべての価電子がO原子に吸い取られ、C原子の酸化数は+4になり、強く酸化されることが分かります。

O_2分子のO原子の酸化数は、酸化も還元もされていないので、0です。CO_2になると、8個の電子を引き寄せることになるので、O_2分子においてO原子に帰属する6個の電子より2個多くなり、酸化数は−2になります。CとO原子の酸化数の和は$4+(-2\times2)=0$になり、CO_2分子は中性であることが確認できます。

次に図4-26でいくつかの分子中のC原子の酸化状態を確認してみましょう。(a)のメタン分子では、C原子の方がH原子より電気陰性度が大きいので、C原子がC−H結合に関与する電子をすべ引き寄せると考えます。従って、元々の価電子4個からさらに4個の電子が増加するので、酸化数は−4になります。つまり、メタン分子の中でC原子は還元された状態にあります。

(b)のエタン分子ではどうでしょうか。C−C結合では2つのC原子は対等なので、各C原子の価電子の数は7個になり、C原子の酸化数は−3になります。HがCH_3に置き換わると酸化数は上がります。別の言い方をすると酸化の程度は上がり、C原子は酸化されたことを意味します。

図4-25

$\cdot\dot{\underset{\cdot}{C}}\cdot + :\ddot{O}::\ddot{O}: \longrightarrow :\ddot{O}::C::\ddot{O}:$

C原子が酸化され、二酸化炭素分子が生じる。

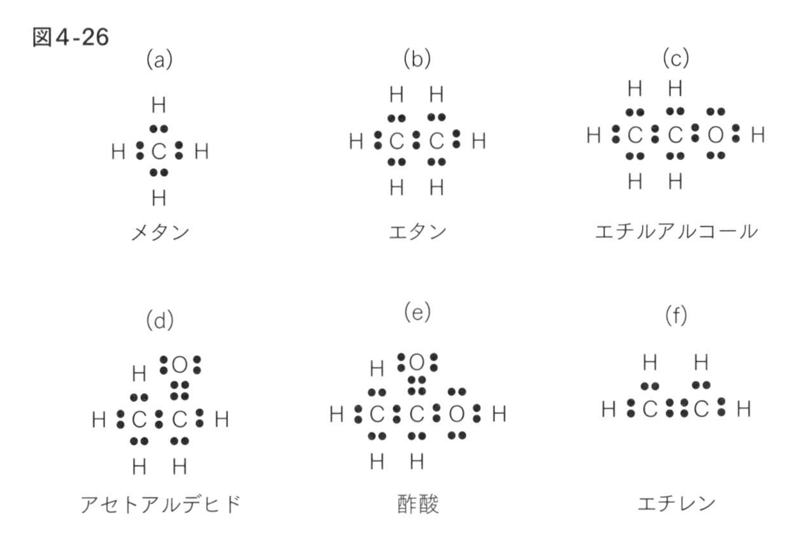

種々の分子中のC原子の酸化状態。

それでは、(c)のように1つのH原子をOH基にした場合はどうなるでしょうか。

この分子はエチルアルコールです。左側のC原子は結合状態が変化しないので、その酸化数の変化はありません。右側のC原子はO原子と結合しているので、2個の電子がO原子に吸い取られます。従って5個の電子が帰属することになるので、酸化数は−1となり、このC原子はエタン分子のC原子よりさらに酸化されたことが分かります。

さらに(d)になったらどうでしょうか。

右側のC原子に帰属する電子は3個減り、酸化数は+1となり、さらにこのC原子の酸化が進んだことを示します。(e)になると、右側のC原子に帰属する電子はさらに減り1個になるため、酸化数は+3になります。酸化はさらに進みました。

メタンから、エタン、エチルアルコール、アセトアルデヒド、そして酢酸と変化するに伴い、C原子の酸化度は増していくことが、酸化数を調べることで分かります。(f)を見ると、二重結合のC原子は単結合のC原子より、酸化数が増え、酸化されていることが分かります*。

酸化によって分子が変化する反応を酸化反応と言い、還元によって変化する反応を還元反応といいます。

これらの反応は同時に起こることから、酸化還元反応と呼ばれることが少なくありません。生命活動に伴う化学反応の中でも、酸化還元反応は特に重要です。

人間は食物から摂取した炭水化物をまずはグルコース(図4-27)という小さな糖分子にまで分解します。このグルコースを空気中の酸素分子で酸化して、最終的に二酸化炭素と水に変化させる反応から得られるエネルギーを、生命活動を行う原動力に使います。またロウソクが燃えるのも酸化反応によります。

植物は(a)とはまったく逆の反応、つまり還元反応により、二酸化炭素と水を原料にし、太陽からの大きなエネルギーを用いて、グルコース分子をつくります(b)。その時に酸素分子までつくってくれます。

酸化と還元は、生命にとってなくてはならない化学反応です。

* (f)のC原子の酸化数は−2になる。

図4-27

$$\text{(a)}\quad C_6H_{12}O_6 + 6O_2 \rightarrow 6CO_2 + 6H_2O + \text{エネルギー}$$

グルコース

$$\text{(b)}\quad 6CO_2 + 6H_2O \xrightarrow{\text{太陽光}} C_6H_{12}O_6 + 6O_2$$

(a)生物が酸化反応によりグルコースを燃焼しエネルギーを得ると共に二酸化炭素と水が生じる。(b)植物は、二酸化炭素と水を太陽光のエネルギーを借りて還元することによりグルコースと酸素分子に変換することができる。

図4-28

(a) $H_3C—C(=O)—OH$ 酢酸

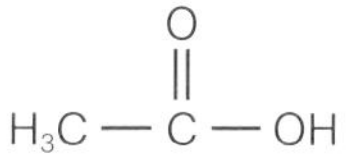

(b) NH_3 アンモニア

酸と塩基の性質を示す代表的な分子。

電子やイオンの移動によって起きる酸と塩基とは

酸と塩基の代表的な分子を図4-28に示します。

中学校の理科では、塩基ではなくもっぱらアルカリという言葉を使いますが、**アルカリは水に溶けやすい一部の塩基を意味します。**酸という性質に対応する性質は塩基で、塩基の方がアルカリより広い概念です。図4-28に示した塩基のアンモニアは水に溶けるのでアルカリです。

酸と塩基の話をする前に、まず水の話を改めてする必要があります。

水分子H_2Oは、液体中で図4-29(a)に示すように変化します。1つの水分子のO原子の非共有電子対がもう1つの水分子のH原子に移ります。少し過激な言い方ですが、化学者はこのことを「O原子の非共有電子対が隣の水分子のH原子を攻撃する」と表現します。

すると、その右に示すようにヒドロニウム・イオン(H_3O^+)と水酸化物イオン(OH^-)ができます。(a)を簡略化して(b)や(c)のように表します。

(a)の化学式で矢印の長さは、反応が進む大きさを示します。長い矢印は、その反応がより進みやすいことを示します。反応は基本的に両方向に進みますが、純粋な水の中では主に左方向に進むことを示しています。

まったく同じ水分子なのに、片方はH^+を供与し、他方はそのH^+を受容します。ここにも先に述べたような特異な性質を水が示す理由が潜んでいます。**水は相手に応じて反対の性質も示すことができるのです。**その性質が酸、そして塩基の性質です。

(a)のA分子はB分子に電子対を供与しています。このように**相手に電子を供与する物質を塩基**と呼びます。一方、B分子のように、**相手の物質から電子対を受容する物質を酸**と言います。

電子の授受によって生じる右側の分子すなわちヒドロニウム・イオンおよび水酸化物イオンは、上の定義でいけば、各々酸および塩基として働くことができます。このように、左辺と右辺で対になる酸と塩基は**共役**していると呼ばれます。Aの共役酸がヒドロニウム・イオンで、Bの共役塩基が水酸化物イオンということになります。

ここまでは電子の授受で酸と塩基を考えましたが、図4-29から分かるように、H^+の授受と見ることもできます。この見方をすると、

図4-29

(a)

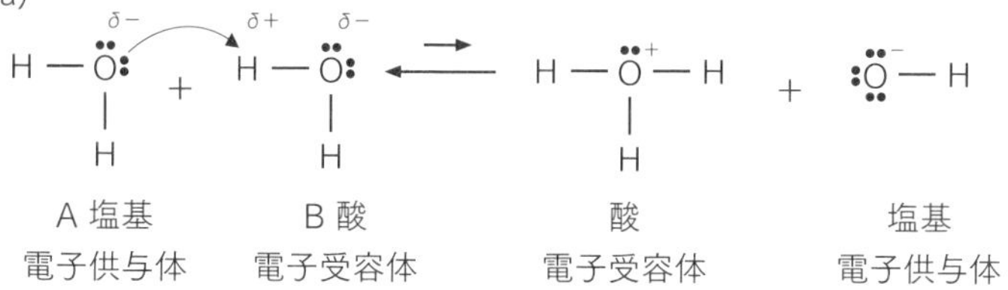

$H-\ddot{O}^{\delta-}(H) + H^{\delta+}-\ddot{O}^{\delta-}(H) \rightleftarrows H-\ddot{O}^{+}(H)-H + {:}\ddot{O}^{-}-H$

A 塩基　B 酸　酸　塩基

電子供与体　電子受容体　電子受容体　電子供与体

(b) $2H_2O \rightleftarrows H_3O^+ + OH^-$

(c) $H_2O \rightleftarrows H^+ + OH^-$

水分子は酸としても塩基としても働く。

図4-30

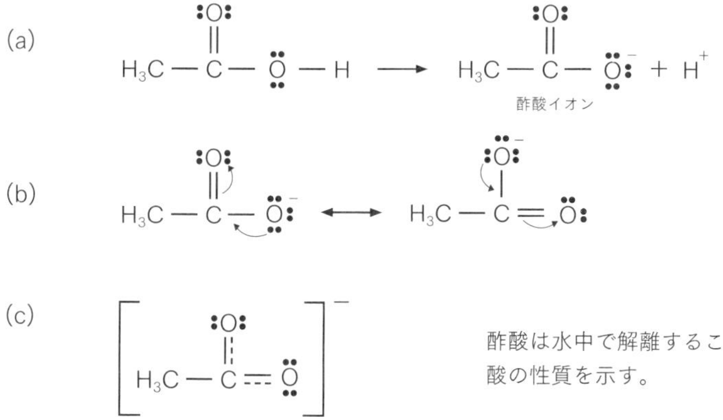

(a)

$H_3C-C(=O)-\ddot{O}-H \longrightarrow H_3C-C(=O)-\ddot{O}^{-} + H^+$

酢酸イオン

(b)

$H_3C-C(=O)-\ddot{O}^{-} \longleftrightarrow H_3C-C(-O^{-})=\ddot{O}$

(c)

$[H_3C-C(\cdots O)\cdots O]^-$

酢酸は水中で解離することにより
酸の性質を示す。

H^+を受容する側が塩基で、H^+を供与する側が酸ということになります。

それでは図4-28に示した酢酸およびアンモニアが、それぞれ酸および塩基になることを確認してみましょう。

改めて酢酸分子を図4-30に書きます。

すでにこれまで見てきた電子の本質的な性質から電子の動きを考えてみます。−OH基のO原子上にある非共有電子対は動きやすく、O原子の電気陰性度がH原子より大きいので、H原子上の電子はO原子の方にかなり強く引っ張られています。

つまり本来的にO−Hの結合は切れやすく、(a)の右辺のように解離する傾向を持っています。さらに解離した酢酸イオン中で非共有電子対の電子も、二重結合のπ電子も(b)のように動き回ることができます。電子は動ける範囲には可能な限り広がります。

その結果、実際は(c)のように2本のC−O結合の間に自由に電子は分布することになります。**電子分布の状態数が増える、つまりエントロピーは増大します**ので、酢酸は機会があれば、このような状態になりたいという強い希望を持っています。この機会を与えてくれるのが、水分子です。

図4-31に示すように酢酸と水分子が近づくと、水分子のO原子の非共有電子対が酢酸のH原子を攻撃し、H原子を奪います。生成する酢酸イオンは先ほど述べた理由で非常に安定に存在できます。酢酸は水分子から電子を受容したので、酸です。H^+の立場からすると、H^+を水に放出したので、酸です。一方、水分子は電子を供与し、H^+を受容したので、塩基として働きます。

酸が酸として働くように水分子が支援していることになります。

次に図4-28(b)のアンモニアについて見てみましょう。

N原子はH原子より電気陰性度が大きいので、マイナスの電荷はN原子側に引き付けられています。さらにN原子は非共有電子対を持つので、これらの電子を適当な相手に放出したい傾向を持っています。これを強力に支援できるのが水分子です。水分子のH原子は

図4-31

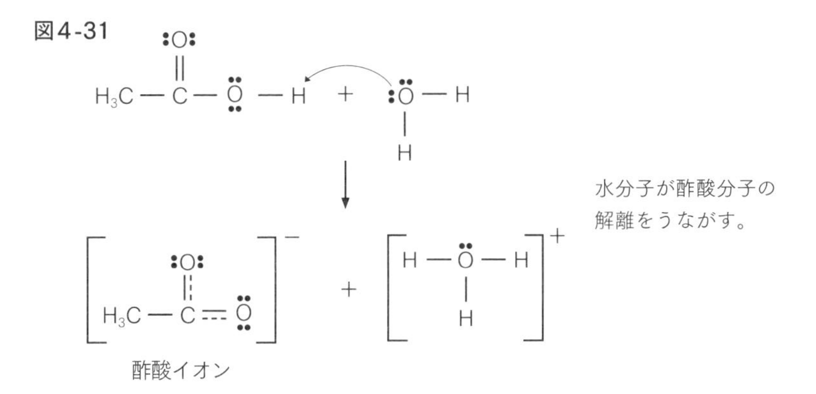

水分子が酢酸分子の
解離をうながす。

図4-32

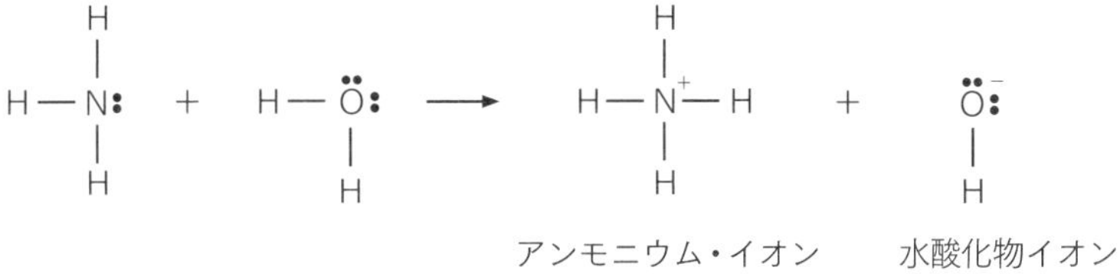

$NH_3 + H_2O \longrightarrow NH_4^+ + OH^-$

アンモニウム・イオン　　水酸化物イオン

水分子がアンモニウム・イオンの生成をうながす。

O原子の大きい電気陰性度のためにプラスの電荷を強く帯びています。従って図4-32に示すように、N原子上の電子をむしろ奪い取るようにして、自身は水酸化物イオンOH^-になります。アンモニアはアンモニウム・イオンになります。

さて、アンモニウム分子は水分子に電子を渡したいので、塩基です。電子を受け取った水分子はこの場合は酸として働きます。図

4-32で示すように、塩基は水と反応して水酸化物イオンOH^-を放出するので、OH^-イオンを放出する物質を塩基と言うこともできます。

酸の強さを測るpH
7より下は酸 7より上は塩基

すでに述べたように、水分子は図4-33のように解離（電離）します。2分子の水からH_3O^+イオンとOH^-イオンがこのように1個ずつできます。矢印は左右両方向に向くように書かれています。左方向の反応しか起こらなければ、これまでの話における水の活躍ぶりも疑わしくなります。

一体どの程度の強さでこの反応は右に進むのでしょうか。

ここで、図4-34のような一般的な反応を考えます。AとB分子を混ぜて反応させ、CとD分子をつくる反応です。AとBが反応するには、まずはAとBが衝突しなければなりません。衝突する確率はAとBの濃度に比例します。

A、B、CおよびD分子の濃度をそれぞれ[A]、[B]、[C]および[D]（例えば1リットル当たりの分子のモル数）で表わすと、反応が右に進む確率（頻度）は[A]と[B]両方に比例します。同様に反応が右から左に進む確率は[C]と[D]に比例します。

右方向への反応の確率を$P_R=C_R[A][B]$、左方向への反応の確率を$P_L=C_L[C][D]$とすると、その比が反応の方向を決めることになります（添え字のRおよびLはそれぞれ右向きおよび左向きの反応を意味します）。両者の比は、

図4-33 $2H_2O \rightleftarrows H_3O^+ + OH^-$ 水分子の解離。

図4-34 $A + B \rightleftarrows C + D$ 化学反応の一般式。

$$\frac{\text{左方向への反応の確率}}{\text{右方向への反応の確率}} = \frac{P_L}{P_R} = \frac{C_L[C][D]}{C_R[A][B]} = C\frac{[C][D]}{[A][B]}$$

になります。Cは比例定数なので、

$$\text{j)} \quad \frac{[C][D]}{[A][B]} = K$$

になるKを求めることができます。このKは右に行く反応と左に行く反応が釣り合って平衡状態になった時のKですから、**平衡定数**と呼ばれます。ｊ)式を図4-33の水の電離に適用すると次のようになります。

$$([H_3O^+][OH^-])/[H_2O]^2 = K$$

電離すると言っておいて、「しない」というのも妙な話ですが、大部分のH_2Oは電離しません。つまり、電離して生じるH_3O^+およびOH^-の量は非常に微量です。従って、水の濃度は事実上一定とみなして良いことになり、$[H_2O]^2 \cdot K = K_w$とおくと、

$$\text{k)}\quad [H_3O^+][OH^-] = K_w$$

になります。K_wを水のイオン積と呼びます。温度が25 ℃の時の$[H_3O^+]$および$[OH^-]$を実測すると、共に1.0×10^{-7} mol/lになるので、K_w=1.0×10^{-14} mol/lです。K_wが一定ですから、$[H_3O^+]$が増えれば$[OH^-]$は減ります、また$[OH^-]$が増えれば$[H_3O^+]$は減ります。

同様のことを、酢酸(CH_3COOH)を水に溶かした場合について、次に考えてみましょう。図4-35のように酢酸は水の中で電離するはずですが、どの程度右に進むでしょうか？

j)式に相当する式は

$$\frac{[CH_3COO^-][H_3O^+]}{[CH_3COOH][H_2O]} = K$$

ですが、$[H_2O]$が圧倒的に大きいので、Kに含ませてしまうと

$$\text{l)}\quad \frac{[CH_3COO^-][H_3O^+]}{[CH_3COOH]} = K_a$$

になります。K_aが大きいほど、反応は右に進みます。つまり$[H_3O^+]$の濃度が濃くなり、酸性度が高くなります。それでは$[CH_3COO^-]$、$[H_3O^+]$そして$[CH_3COOH]$の値はどうなるでしょうか。

図4-35で酢酸(水に溶かす前の濃度がC)を水に溶かして、十分に混ぜる(平衡状態に達する)ことを考えます。CH_3COOHが電離する割合をα(電離度)で表すと、平衡状態に達した時のCH_3COOH

図4-35

CH_3COOH	+	H_2O	⇄	CH_3COO^-	+	H_3O^+
C				0		0
$C(1-\alpha)$				$C\alpha$		$C\alpha$

水中での酢酸の電離。

の濃度は$C(1-\alpha)$であり、CH_3COO^-およびH_3O^+イオンの濃度はともに$C\alpha$になります。これらの値を1)式に代入すると、

$$\frac{C\alpha \cdot C\alpha}{C(1-\alpha)} = \frac{C\alpha^2}{1-\alpha} = K_a$$

になります。αが十分小さい場合、つまりCH_3COOHのごく一部しか電離していない場合は$1-\alpha \approx 1$*と考えて差し支えないので、

$$C\alpha^2 = K_a$$

になり、$[H_3O^+] = C\alpha = \sqrt{CK_a}$になります。私達が日常使う食用のお酢の中には約4%の酢酸が含まれます。このお酢の中の$[H_3O^+]$を求めてみましょう。4%（重量%）の酢酸は0.67 mol/lであり、実験で求められているK_a(25 ℃)は2.8×10^{-5} mol/lですから代入して、

$$[H_3O^+] = \sqrt{0.67\times2.8\times10^{-5}} = 4.33\times10^{-3}\ \mathrm{mol/l}$$

になります。純水中の$[H_3O^+]$が10^{-7} mol/lですから、$[H_3O^+]$の濃度はだいぶ高く、食酢は立派な酸であることが分かります。

実体を表すという意味では$[H_3O^+]$と表すのが正確ですが、少し

＊　≈は、ほぼ等しいことを表す記号。

長ったらしいので、一般的には $[H^+]$ と表し、水素イオン濃度と呼びます。この後の話では $[H_3O^+]$ ではなく $[H^+]$ を使います。さらに酸性の度合いを表すためには、濃度である $[H^+]$ 使うと、$[H^+]$ がとても小さい数なので、何かと不便です。そこで、非常に小さい数や大きい数を日常的なスケールにするためによく使う対数で表現することにしています。

つまり $[H^+]$ ではなく $\log[H^+]$ にすると、ほぼ1桁か2桁の数字になります。またそのままだと $\log[H^+]$ はマイナスの数字になるので、それも面倒なので、$-\log[H^+]$ を酸性度の指標にすれば、ほとんどの場合、その数字は1桁か2桁の正の数字になるので非常に便利になります。**それをpHと呼びます。**すなわち、

$$\text{m)}\quad pH = -\log[H^+]$$

です。純水は中性であり、それに含まれる $[H^+]=10^{-7}$ mol/l でしたので、pH=7になります。つまり**pH=7が中性で、pH＜7が酸性そしてpH＞7が塩基性（アルカリ性）**ということになり、面倒な指数表記から逃れられます。先ほど求めた食酢の pHは $pH=-\log[H^+]=-\log(4.33\times10^{-3})=2.36$ * ということになります。2.36と表す方が、4.33×10^{-3} と表すより圧倒的に便利です。

pHは $[H^+]$ の数字の大きさを扱い上便利にしたもので、無名数（単位のつかない数字）であることは忘れないで下さい。

私達の身の周りにある様々な物質のpHを表4-2に示します。

私達がさまざまな酸や塩基と日常的に接していることが分かります。日常的に使うそれらの化学物質の酸そして塩基としての性質を

* $-\log(4.33\times10^{-3})=-(\log4.33+\log(-3))=-\log4.33+3=2.36$

表4-2

pH	例	
0	バッテリー液(自動車用)	酸
1	硫酸、塩酸	
2	レモン・ジュース、酢	
3	オレンジ・ジュース、ソーダ	
4	酸性雨(4.2-4.4) 酸性湖(4.5)	
5	バナナ(5.0-5.3) きれいな雨(5.6)	
6	正常な湖(6.5) 牛乳(6.5-6.8)	
7	純粋な水	
8	海水、卵	塩基
9	重曹	
10	マグネシア乳(水酸化マグネシウム)	
11	アンモニア	
12	石鹸水	
13	漂白剤	
14	液体排水管洗浄剤、水酸化ナトリウム	

主な物質のpH。pH7が中性となる。人体のpHは7.35〜7.45の弱アルカリ性。

正しく知らないと時に大けがや取り返しのつかない事故につながることさえあります。

表4-2ではアンモニア水のpHは11で、塩基性であることになっていますが、酢酸の場合のように、水素イオン濃度 $[H^+]$ を求めてみましょう。

図4-36に改めてアンモニアが電離する様子を示します。この式から、

$$\frac{[NH_4^+][OH^-]}{[NH_3][H_2O]} = K$$

を求めることができますが、$[H_2O]$ は過剰にあるので一定とみなすことができ、

$$\frac{[NH_4^+][OH^-]}{[NH_3]} = K_b$$

と表すことができます。このK_bを塩基の電離定数と言います。酢酸の場合とまったく同じように考えると、

$$[OH^-] = \sqrt{C_b K_b}$$

になります。C_bは水に溶かすアンモニアの初期濃度とします。この式ではpHの計算に直接使える $[H^+]$ は求められませんが、

$$n)\quad [H^+] = \frac{K_W}{\sqrt{C_b K_b}}$$

から求めることができます。虫刺されや気付けに使われる市販のアンモニア水には約10％のアンモニアが含まれ、それを5-10倍希釈して使います。

図4-36

$$NH_3 + H_2O \rightleftarrows NH_4^+ + OH^-$$

C		0	0
$C(1-\alpha)$		$C\alpha$	$C\alpha$

水中でのアンモニア分子の電離。

図4-37

$$HCl \longrightarrow H^+ + Cl^-$$

$$NaOH \longrightarrow Na^+ + OH^-$$

塩酸および水酸化ナトリウムの解離。

今、10倍希釈で使うとすると、その濃度C_bは0.587 mol/lになり、電離定数$K_b=1.7\times10^{-5}$ mol/lを用いて、n)式から$[H^+]$を計算すると、3.16×10^{-12} mol/lと求められます。これをm)式に代入すると、pH=11.5と求められ、表4-2に示したアンモニア水のpHが確認できました。

表4-2にあるpH=1の塩酸(HCl)とpH=14の水酸化ナトリウム(NaOH)についても触れておきます。

酢酸やアンモニアでは、分子の一部が水中で電離するので、そのpHは2.4や11.5ですが、HClやNaOHは水溶液中ですべての分子が解離します。

図4-37に示すように、すべて解離するので、方向を示す矢印は右向きだけです。例えば1 mol/lのHClからは1 mol/lの水素イオンH^+が生じます。

つまり$[H^+]$=1 mol/lですから、$pH=-\log[H^+]=0$になります。市販されている濃い塩酸には6 mol/lの濃度の水溶液があり、その

$[H^+]=6$ mol/lですから、pH＝－0.78になります。

一方、市販されているNaOH水溶液の中にはNaOHが8 mol/l含まれる溶液があります。

この場合、NaOHは完全に電離するので、$[OH^-]=8$ mol/lになります。

従って、上で学んだ関係式を使えば$[H^+]=1.25\times10^{-15}$になるので、pH=14.9になります。化学会社や大学の実験室でないと、このような強い酸や強い塩基にお目にかかることはありません。一部の本にはpHは0から14までであるかのように書かれていますが、このようにその下限と上限は決して0と14ではありません。

☑ **化学物質の状態や構造の変化が起こるかどうかは、その変化に伴う自由エネルギー変化（エントロピー変化＋エンタルピー変化）の符号と量で決定されます。また、実際の化学変化は、それに関わる原子および分子間の電子の移動によって決定されます。**

5章

生命という
システムと病とは?

生命活動は基本的に化学反応です。生きていく上で必要なエネルギーの獲得、食物の消化、そして体を構成するさまざまな分子の合成など、すべての生命活動は化学反応そのものです。これらは一見複雑に見えますが、これまでの章で習った化学知識を活用すれば、これら素晴らしい生命活動の仕組みを理解できます。また、私達を悩ましい病気から救ってくれる薬がどのように病気を治せるのかも理解できます。

Keyword

- 生命エネルギーをつくり、貯える仕組み
- タンパク質の役割
- 体に作用する医薬分子の構造

生命エネルギーをつくる無駄のない物質変換サイクル

私達が生きて行く上では、絶対にエネルギーが必要です。
私達はそのエネルギーを食物から得ています。具体的には、主にグルコース*($C_6H_{12}O_6$)等の分子から、それらの分子を分解することによってエネルギーを取り出しています。

この分解には呼吸で得ている酸素分子が必要です。いわばグルコースを酸素分子で燃やして、そのエネルギーを取り出すのです。この反応は次のように書けます。

a)　$C_6H_{12}O_6 + 6O_2 \rightarrow 6CO_2 + 6H_2O$

1分子のグルコースが燃えて6分子の二酸化炭素と6分子の水分子ができます。

標準状態(0 ℃で1気圧)のギブス自由エネルギー変化$\Delta G^0{}_{\text{反応}}$は$-2{,}878.4$ kJ/molになります。$\Delta G^0{}_{\text{反応}}$の肩の0は「標準状態での値」であることを示します。これは結構大きなエネルギーです。その時の$\Delta H^0{}_{\text{反応}}$は$-2{,}601$ kJ/molで、$\Delta S^0{}_{\text{反応}}$は259 J/molです。

これらの値からa)式の反応は自発的に進む反応であることが分かります。地球上では、植物でも動物でもエネルギーを得るためにはこの反応を使います。生命活動にとって必須の反応です。

グルコースは常温で白色の粉末で、水に溶けやすく、甘い味がします。この粉末はもちろん燃えます。燃えた時には、発熱(エネルギーを放出)しますが、燃えてしまうとすぐ冷えてしまいます。

*　ぶどう糖とも呼ばれる。人体において重要な栄養素でエネルギーになる。

図5-1

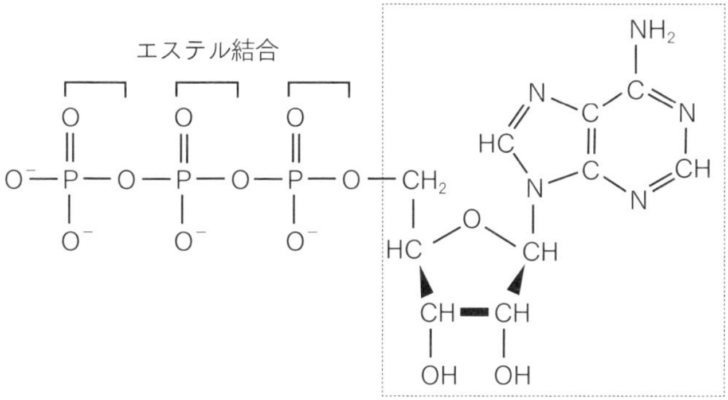

リン酸　　　アデノシン

エステル結合

ATP（アデノシン三リン酸）の化学構造。

よく人の命は、ロウソクの火に例えられますが、両者は根本的に違います。ロウソクは燃えて、光と熱を放出します。ロウソクの持っているエネルギーが光と熱に変わるのです。この過程で、エントロピーは増大し、そのエネルギーを何か別の作業に使うことは基本的にできません。燃えて、ただ死んでいくようなものです。

一方、生物の体の中でa)の反応が起こる時、グルコースは体内で炎を上げて燃えることはありません。この時に発生するエネルギーを保存可能なエネルギーに変えるのです。

すでに序章で触れたように、**すべての生物がエネルギー保存にATPという分子を使っています。**人間の社会では、国が違うと通貨が異なり、場合によっては別の国では使えないことさえありますが、生物の世界ではそんなことはありません。

図5-1に示すような化学構造をATPは持っています。この分子は大きく分けて2つの部分からなっています。右半分はアデノシンと

いう分子に相当する部分で、アデノシンは遺伝物質であるDNAの中で情報を蓄える重要な働きをしています。**生物の体の中では同じ分子が複数の異なる目的に使われることは珍しいことではありません。**人間社会では、「互換性」ということが最近やや疎かにされていますが、生命は「互換性」を頑固に守っています。これもエントロピーを可能な限り増大させず、生命を能率的に維持する１つの仕組みであり、見習うべき手本です。

さて図5-1左半分はリン酸基が3個結合した三リン酸部分です。アデノシンと三リン酸がエステル結合した分子がATPです。図から明らかなように、三リン酸の部分にはマイナスの電荷が複数あり、それらは分子内で互いに反発します。

言い方を変えると、これらの電荷同士の反発に抗して無理やり分子になっています。従って、この結合部分には多くのエネルギーが貯め込められています。

生物はこのATPにエネルギーを貯め、生体内の化学反応に必要な時に、そのエネルギーを適宜使う、という素晴らしい化学的な仕組みを持っています。この素晴らしいエネルギー貯蔵物質を活用することで、生物は安定的に生命活動を営めるのです。

生物は生体内でATPを合成することもできます。

必要な物質は手間がかかっても自ら生産するという生物の仕組みを私達はもっと見習うべきです。もちろんATPの合成は「ただ」で行えるものではありません。

図5-2に示すようにATPはADP(adenosine diphosphate:アデノシン二リン酸)という分子とリン酸から合成されます。図中でアデノシン部分は簡単のためにAで示します。ADP自身も分子内のマイ

図5-2

$$O^- - \overset{O}{\overset{\|}{P}}(O^-) - OH \;+\; O^- - \overset{O}{\overset{\|}{P}}(O^-) - O - \overset{O}{\overset{\|}{P}}(O^-) - O - A \;+\; H_3O^+ \longrightarrow$$

リン酸　ADP

$$O^- - \overset{O}{\overset{\|}{P}}(O^-) - O - \overset{O}{\overset{\|}{P}}(O^-) - O - \overset{O}{\overset{\|}{P}}(O^-) - O - A \;+\; 2H_2O$$

新たに導入されたリン酸基

ATP

ADPとリン酸から、エネルギーを使ってATPは合成される。

ナス電荷同士の強い反発を分子内持っていますので、そこにさらにマイナス電荷を持ったリン酸基を導入するのですから、かなりの力業（エネルギー）が必要な作業です。実際、この化学反応（合成反応）を行うには結構なエネルギーを要します。その自由エネルギー変化 ΔG^0 は約31 kJ/mol です。当たり前ですが、ΔG^0 の符号はマイナスではありませんので、この反応は自発的には進みません。

この反応を進めるためのエネルギーがグルコースの分解によって供給されるのです。グルコースが分解される時の自由エネルギー変化は－2,878 kJ/mol です。

理論上は1分子のグルコースから38分子のATPがつくられるはず

ですが、どんなに生物の仕組みが効率的にできていると言っても、どうしても途中でロスが出るので、実際には32分子位のATPがつくられるだろうと考えられています。額面通りには行きません。

32分子のATPがつくられ、実際に使うことができるとすると、31×32=992 kJ/molが有効に使われたことになり、やや乱暴な効率を計算すると、エネルギー変換効率は約34%です。

このエネルギー変換効率は原子力を利用した発電効率の約33%に匹敵しますが、火力や水力発電による変換効率（各々55および80%）には及びません。しかし、**生物は、火力発電所や水力発電所のような大掛かりな装置はまったく必要としません。**

またATPに蓄えられたエネルギー（これを化学エネルギーと言う）は非常に優れた可搬性を持っています。つまり、**体中のどこの細胞でも使えます。**この素晴らしい仕組みのおかげで、生物は小さい体の中でも極めて効率的にエネルギーを活用できます。

以上の化学反応をまとめると図5-3のようになります。

(1)の反応は実際には複数の反応からなりますが、ここではそれらを統合した収支決算書のように示しています。各反応の細かいことは「生化学」の教科書に載っていますので、興味のある方は勉強してみて下さい。

もう一度収支を確認しましょう。32分子のATPが生産されるとすると、全体での自由エネルギー変化は、

$$\Delta G^0 = \Delta G^0_{\text{グルコースの分解}} + \Delta G^0_{\text{ATPの生成}}$$
$$= -2{,}878 + 32 \times 31 = -1{,}886 \ (\text{kJ/mol})$$

図5-3 (*s*)＝固体　(*g*)＝気体　(*l*)＝液体

$$(1)\ \text{グルコース}(s) + 6O_2(g) \rightarrow 6CO_2(g) + 6H_2O(l)$$

$$(2)\ 32ADP^{3-}(aq) + 32HOPO_3^{2-}(aq) + 32H_3O^+(aq) \rightarrow 32ATP^{4-}(aq) + 64H_2O(l)$$

グルコースの燃焼（酸化）で得られるエネルギーを使ってATPを合成する。

図5-4

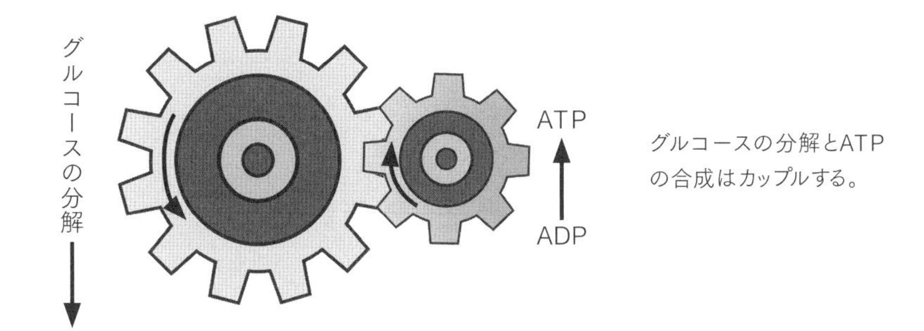

となり、この2つの反応を合わせた変化は自発的に進むことが理解できます。生物は、自発的には起こり得ない(2)の反応を、自発的に起こる(1)の反応と「組合わせて」、有用なATPをつくっています。

このような「組合せ」のことを、化学では「カップリング」と言います。**実は私達の体内で起こっている、生命を動かす反応の多くは、自発的には起こり得ない反応です。**それらの言わばエネルギー問題を解決してくれるのがATPであり、そのエネルギーは、元を正せば、グルコースから来たものです。

カップリングをあえて図示すると図5-4のような歯車で表現でき

ます。グルコースの分解という大きな歯車が回ることで、ADP→ATPという反応の歯車が回るのです。

このような生産方式の考え方は、人間社会にも応用できるものです。何か難しいことを行うために、まずはお金を貯めるということは誰でも考えることです。生命はそれをローンや投資によって調達しようとはせず、きちんと働いて正に自前で現金をつくっています。素晴らしいことには、私達がまったく意識しないところで、生命を支えるこのメカニズムは、自動的かつ最適に働いています。

さて、私達はグルコースを次式のように、CO_2とH_2Oから化学的に合成できますが、その自由エネルギー変化は＋2,874 kJ/molです。

$$6CO_2 + 6H_2O \rightarrow C_6H_{12}O_6 + 6O_2$$

到底自発的に進む反応ではありません。

そこで、この反応を行う植物は、この反応に太陽の光を利用します。「光で合成」するので、この反応は光合成と呼ばれます。

太陽光は莫大なエネルギー源であり、正に「恵みの光」です。

植物が光合成に用いる太陽の光の波長領域は400-700 nm*です。虹の色では、紫から赤までの領域です。上の値から、1モルのCO_2をグルコースに変換するのに必要な自由エネルギーは約480 kJ/molです。光は粒子として挙動しますので、原子や分子のようにその量をモル当たりで表現することができます。

600 nmの波長を持つ赤の光で具体的に見積もってみます。この光が持つエネルギーは約200 kJ/molです。

1モルのCO_2をつくるのに8モルの光が使われることが確かめら

* ナノメートル。1 ㎜の1,000分の1が、1μm（マイクロメートル）。1 nmはさらにその1,000分の1で人間の髪の毛の直径の10万分の1程度。

れているので、約1600 kJ/molがこの赤い光から与えられることになります。

変換に必要な量である約480 kJ/molの3倍以上のエネルギーが与えられることになります。その結果、この反応全体の自由エネルギー変化は、約−1,120 kJ/molの大きなマイナスの値になり、

$$6CO_2 + 6H_2O + 太陽光 \rightarrow C_6H_{12}O_6 + 6O_2$$

の反応は文句なく進むことになります。

植物が黙々と行っていることがいかに素晴らしいかを実感できる数字です。

すなわち、太陽の光の恵みがあってこそ、植物はグルコースをつくることができ、私達はそのグルコースを活用してATPをつくり、そのATPで生命活動をすることができます。

ここで忘れてはならない重要なことがもう一つあります。上の反応でCO_2（二酸化炭素）が消費され、O（酸素）が生産されるということです。**植物は太陽光を利用してエネルギー源になるグルコースを提供するだけでなく、温暖化効果ガスを酸素に変換してくれるということです。**

現在の地球上では、人間の活動によるCO_2の増加だけではなく、植物の減少によるCO_2消費の減少により、大気圏のCO_2の量は確実に増加しています。

生命活動において重要なタンパク質の構造とは

炭水化物そして脂質と共に3大栄養素と呼ばれるタンパク質は私達の体をつくり上げるのに必須であるだけでなく、生命活動を実際に行う上で非常に重要です。

タンパク質は図5-5(a)に示すL-α-アミノ酸からできています。α-アミノ酸とは、同じC原子（これをCα原子と呼びます）にアミノ基（$-NH_2$）とカルボキシ基（$-COOH$）が結合した分子です。

Rで表す部分は側鎖と呼ばれる原子団で、私達のタンパク質をつくる側鎖は20種類と決まっています。

表5-1にこれら20種類の側鎖の化学構造と性質を示します。

これら20種類以外のアミノ酸から私たちのタンパク質をつくることはできません。

図5-5

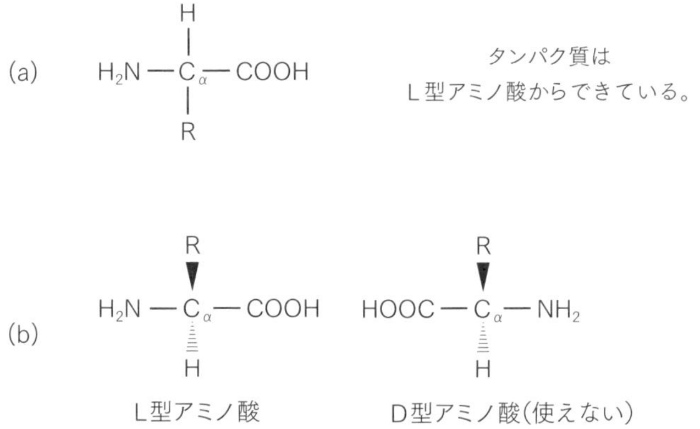

(a)

H
$H_2N-C_\alpha-COOH$
R

タンパク質は
L型アミノ酸からできている。

(b)

R
$H_2N-C_\alpha-COOH$
H

L型アミノ酸

R
$HOOC-C_\alpha-NH_2$
H

D型アミノ酸(使えない)

表5-1

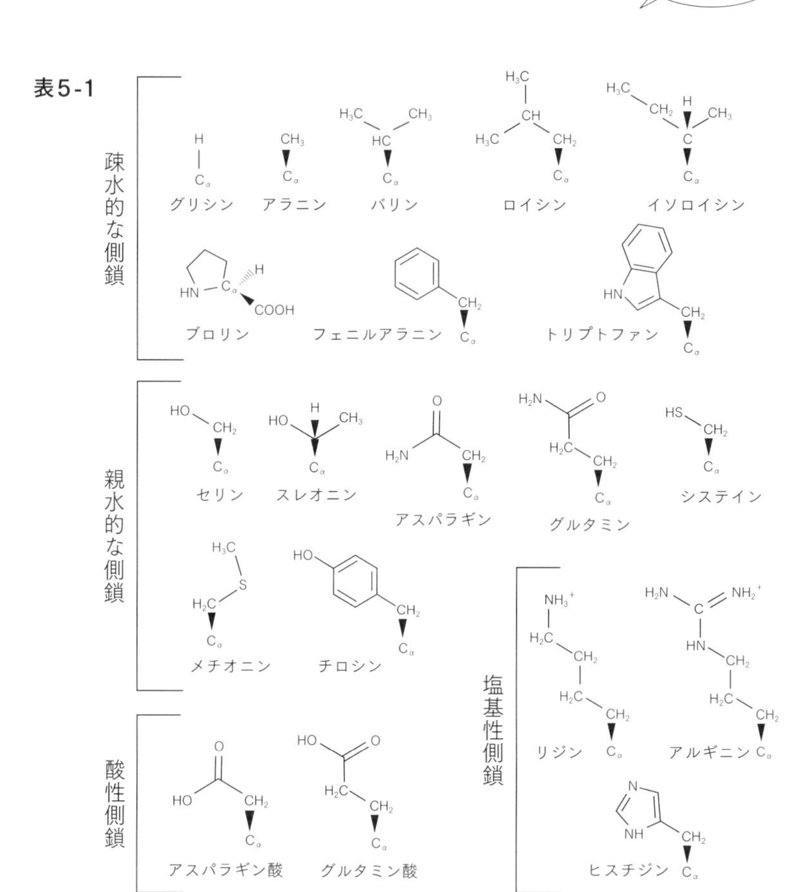

20種類のアミノ酸の側鎖の化学構造と性質。

また2章で詳しく述べましたが、アミノ酸もまた光学活性の分子です。つまり同じように見えても、右手と左手の関係にあるアミノ酸があります。しかし、**私達が使えるアミノ酸はL型のアミノ酸だけです。**鏡に写したD型のアミノ酸は使えません(図5-5(b))。生物は部品の規格を厳格に守ります。

図5-6(a)に2つのアミノ酸がつながる様子を示します。

側鎖をR^1とR^2で示しました。点線で囲む結合はペプチド結合と言います。つまりアミノ酸同士はペプチド結合で連結して、(b)に示すような長い分子の鎖をつくることができます。

通常100個以上のアミノ酸を使ってタンパク質はつくられます。アミノ酸は20種類あるので、それを100個以上並べる組合せの数は膨大になります。しかし、私達の体の中で間違いなく働くことのできるタンパク質は厳しく決まっていて、そのアミノ酸の並び方は遺伝子の中にきちんと書かれています。**遺伝子の情報が間違って伝えられたり、遺伝子自身が異常になってしまうと正常なタンパク質はつくられなくなり、その結果、私達は病気になります。**タンパク質が正常に働くことで、私達は健康で元気に暮らせるのです。

図5-7(a)に2つのアミノ酸、アラニンとスレオニンがつながった分子を示します。

このようにつながったアミノ酸の数が100より少ない分子はタンパク質ではなく、**ペプチド**と普通呼ばれます。ペプチドやタンパク質の末端部分にあるNH_2(アミノ基)やCOOH(カルボキシ基)は、生体内では水分子の影響で解離して、実際にはほとんどこのように$-NH_3^+$と$-COO^-$になっています。以下の説明では、説明の都合上、解離していない構造を示すこともありますが、生体内では両末端は解離しています。

2つのアミノ酸をつなげているペプチド結合(−C(=O)−NH−部分)はタンパク質の立体構造をつくる上で重要な役割を果たします。(b)に示すようにO原子の電気陰性度が大きく、N原子の非共有電子対の電子が動きやすいので、C−N結合部分に電子が流れ、C−N結

図5-6

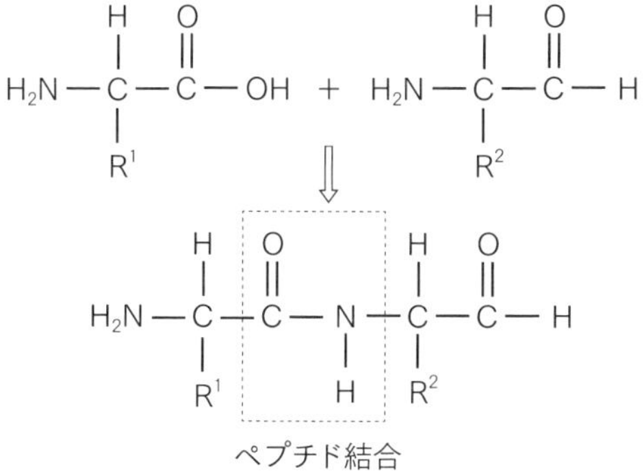

$$H_2N-CH(R^1)-C(=O)-OH \;+\; H_2N-CH(R^2)-C(=O)-H$$

$$\Downarrow$$

(a)

$$H_2N-CH(R^1)-C(=O)-N(H)-CH(R^2)-C(=O)-H$$

ペプチド結合

アミノ酸からタンパク質へ。

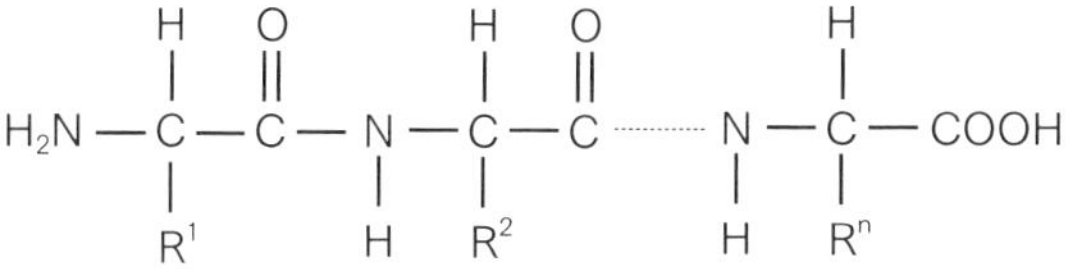

(b)

$$H_2N-CH(R^1)-C(=O)-N(H)-CH(R^2)-C(=O)\cdots\cdots N(H)-CH(R^n)-COOH$$

図5-7

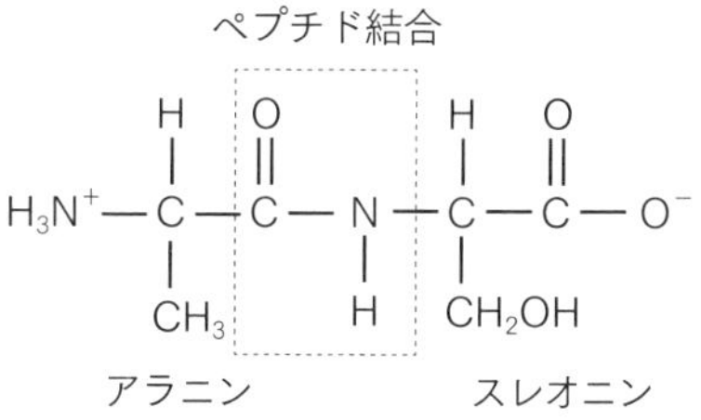

(a)

ペプチド結合

$$H_3N^+-CH(CH_3)-C(=O)-N(H)-CH(CH_2OH)-C(=O)-O^-$$

アラニン　スレオニン

ペプチド結合の性質。

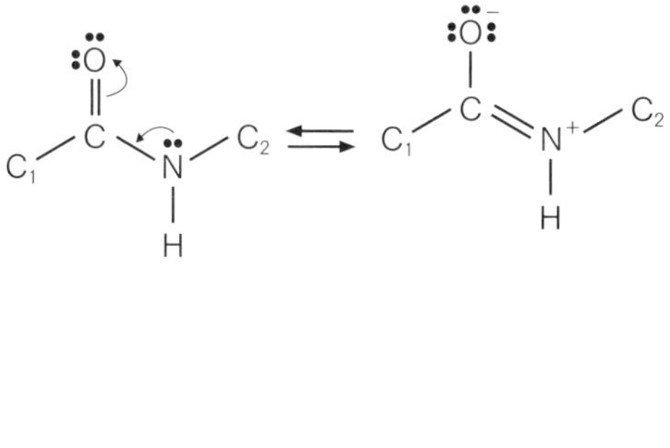

(b)

$$C_1-C(=\ddot{\underset{\cdot\cdot}{O}})-\ddot{N}(H)-C_2 \;\rightleftarrows\; C_1-C(-\ddot{\underset{\cdot\cdot}{O}}{:}^-)=N^+(H)-C_2$$

合は二重結合性を帯びます。その結果、C−N結合まわりの回転は事実上できなくなるので、C_1とC_2原子の相対関係は固定されます。

100個以上アミノ酸がつながったタンパク質中でもそのような立体的な束縛がアミノ基同士のつなぎの所にあります。従って、多くのタンパク質は組紐のように「ふにゃふにゃ」ではなく、明確に固定された、そのたんぱく質に固有の特定の立体構造をとります。

またその**固有の立体構造があってこそ、そのタンパク質は特定の働きをすることができるのです。**万一、その立体構造が歪んだり変形すると、もはやそのタンパク質は正常に働くことができなくなります。タンパク質はカチッとした構造を持っているように見えても、実はとてもデリケートな分子です。

代表的な2つのタンパク質の立体構造を図5-8に示します。タンパク質の立体構造の表示法は巻末の説明を参照して下さい。

タンパク質の分解には大きなエネルギーが必要

私達の体内でつくれるアミノ酸もありますが、私達は外からタンパク質を摂取して、それをまず成分のアミノ酸に分解（消化）してから、遺伝子に書かれている情報に基づいて、私達が使えるタンパク質につくり直します。だから豚肉を食べても、豚肉と同じ肉が体に付く訳ではありません。

2つのアミノ酸からなるペプチドの生成と分解について考えてみましょう。

図5-8

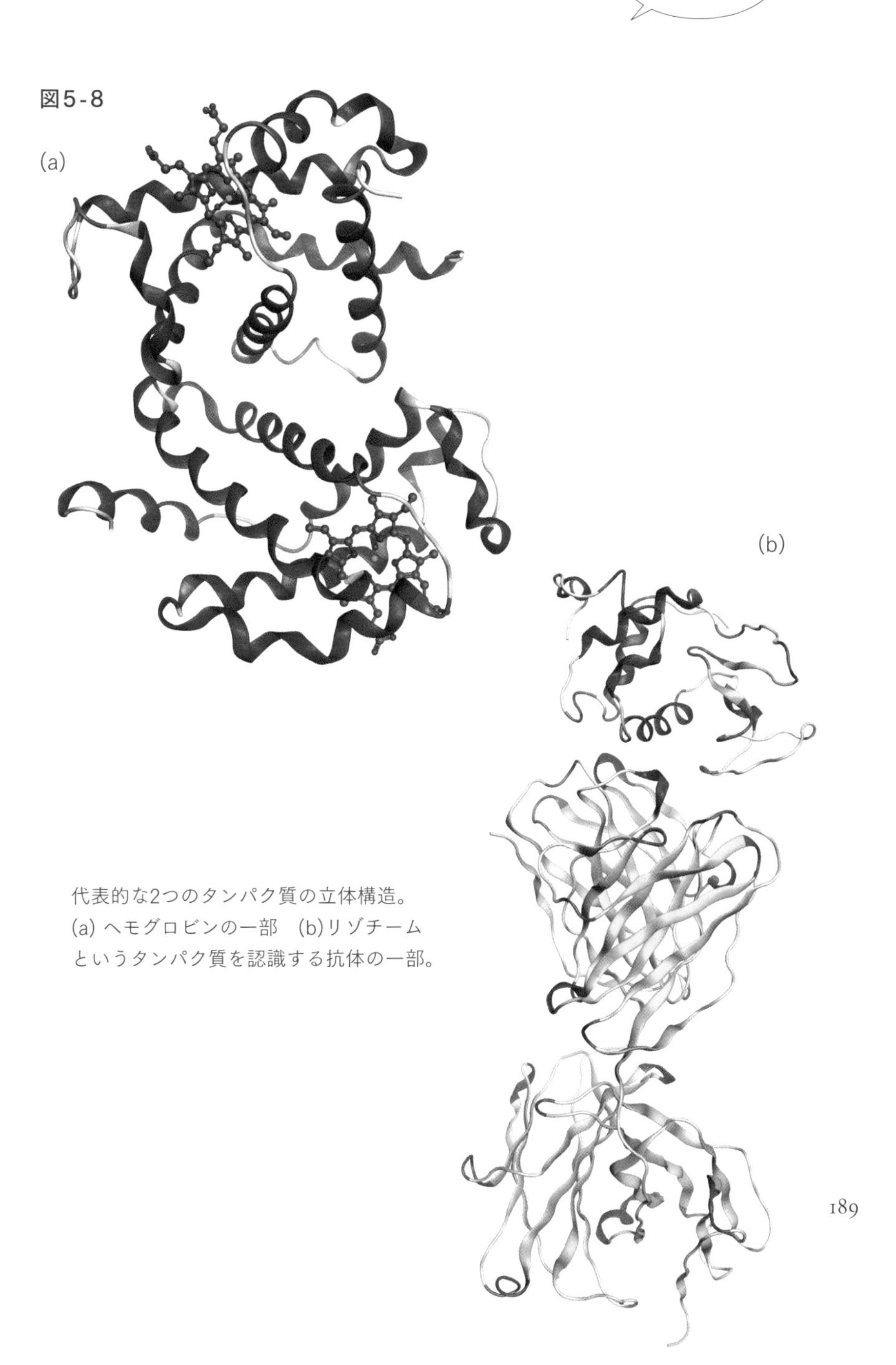

代表的な2つのタンパク質の立体構造。
(a) ヘモグロビンの一部　(b)リゾチーム
というタンパク質を認識する抗体の一部。

2つのアミノ酸からペプチド(2個のアミノ酸からできるペプチドをジペプチド[dipeptide]と言います)ができる化学反応は図5-9(a)のようになります。

(a)に示すように、1分子の水分子を2つのアミノ酸から除くことで、アミノ酸同士はペプチド結合でつながり、ペプチドはできます。この反応を**脱水縮合反応(簡単に脱水反応)**と言います。その逆に、(b)に示すように、ペプチドをアミノ酸に分解する時には水分子を加える必要があるので、この反応は**加水分解反応**と言います。脱水縮合反応と加水分解反応により、多くの物質が生物の体内で間断なく変換されます。**生命活動にとって、最も重要な化学反応の組と言えます。**おおげさに言うと、この2つの反応は生命の生生流転に直接関わっています。

図5-9の二つの反応は、反応物と生成物が左右で入れ替わっただけです。まずどちらの反応が起こりやすいかを、分子の結合エネルギーの変化でおおざっぱに見積もってみましょう。

切断される結合と生成される結合の結合エネルギーを比較することによって行います。4章でも行ったことです。どちらの反応でも良いので、(a)のペプチド生成反応について見ることにします。この反応を進めるためには、上の式で下向きの矢印で示したC−OおよびN−H結合が切断され、上向きの矢印で示した下の式のC−NおよびO−H結合が新たに形成される必要があります。それ以外の結合はこの化学反応に大きく関与しないと考え、その影響はここでは無視します。

巻末付表にある結合エネルギーの値を使うと、ペプチドへの変化による結合エネルギーの変化は(276[C−N]+460[O−H])−(351[C

図5-9

(a)

(b)

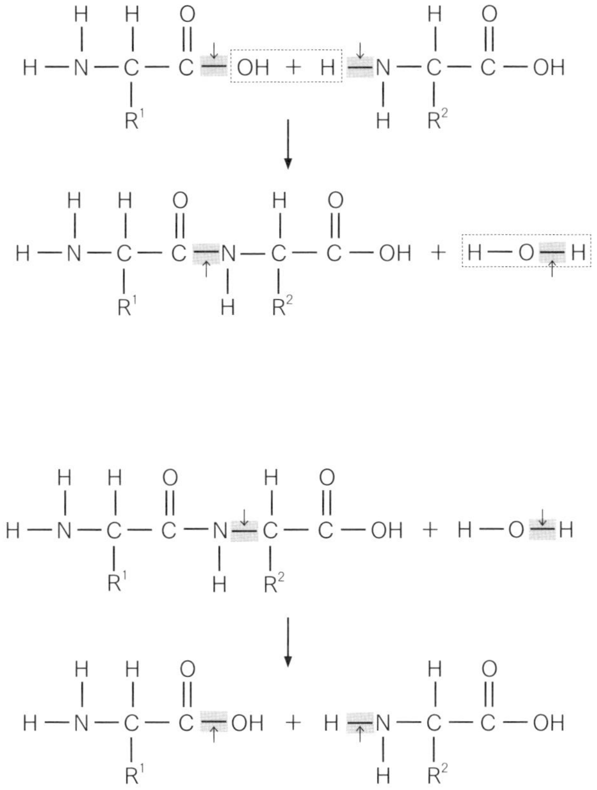

ペプチド結合の生成(a)と切断(b)。

−O] + 393 [N−H]) = −8 kJ/molになり、結合エネルギーが減少しますので、ペプチドになると結合エネルギー（エンタルピー）が高い状態に変化します。つまり、$\Delta H>0$になります。

一方、2分子から2分子が生じますので、自由エネルギー変化に対するエントロピーの影響は少ないと見なせ、ペプチド生成による、自由エネルギーの変化は図5-10のようになります。

もし点線のような経路があれば、つくられたペプチドは自発的に分解されても良いはずです。しかし、幸いなことに現実にはその途中に非常に高い活性化エネルギーの壁が立ち塞がっています。つまり**自由エネルギー的には、ペプチドの分解は自発的に進むはずですが、実際に行うにはかなりのエネルギーが必要**ということです。もっとも、せっかくつくったタンパク質（ペプチド）が体内で自発的にどんどん分解されたらとても困りますので、このような仕掛けがないと困ります。

従って実際に、化学的にペプチドを加水分解する際には、かなり過激な条件を使う必要があります。例えば図5-11に示すように、アラニンとバリンが結合したジペプチドを加水分解するためには、濃度の高い（強い酸性の）塩酸（6モル）を使い、かつ110 ℃の温度で24時間近く加熱し（煮）なければなりません。胃酸中の塩酸濃度は0.1 mol//lですから、胃酸の60倍も強い酸を反応に使わなければならないということです。高い温度も強い酸も活性化エネルギーの高い壁を乗り越えるためには必要です。

しかし、私達の体内では、タンパク質の分解（消化）は、消化器官の中で行われます。胃の中の酸性が強いと言っても高々0.1 mol/lであり、温度はせいぜい人間の体温程度です。こうした条件だと、活性化エネルギーの壁を越えることはできないので、ペプチドは一向に分解（消化）されません。それでは食物を食べてもまったく役

図5-10

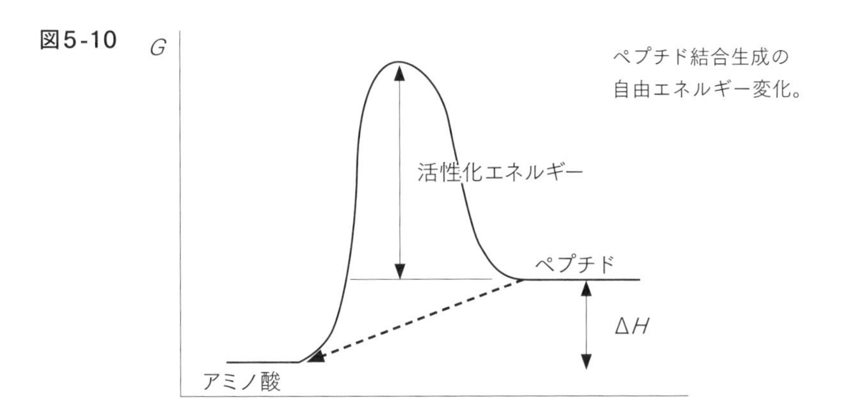

ペプチド結合生成の
自由エネルギー変化。

図5-11

```
     H   H   O          H   O
     |   |   ||         |   ||
H ― N ― C ― C ― N ― C ― C ― OH  +  H2O
         |         |   |
        CH3        H   CH
                      /  \
                   H3C    CH3
```

アラニンとバリンからなるペプチド

6M HCl ↓ 110℃ 24時間

```
     H   H   O                  H   O
     |   |   ||                 |   ||
H ― N ― C ― C ― OH  +  H ― N ― C ― C ― OH
         |                  |   |
        CH3                 H   CH
                               /  \
                            H3C    CH3
```

アラニン　　　　バリン

アラニンとバリンからなるペプチド（ジペプチド）の分解。

に立ちません。幸い、この難事業を軽々とこなしてくれる酵素というタンパク質が生体内にはあります。

つまり、**タンパク質（酵素）でタンパク質（ペプチド）を分解する**

のです。胃の中にはペプシンという酵素があり、ペプチド結合を切ることができます。ペプシンの分子量は約35,000で、水分子の約2,000倍もの大きさを持っています。340個のアミノ酸がペプチド結合でつながり、この酵素をつくり上げます。

図5-12にペプシンの立体構造を示します。分子は大きく分けて左右の2つの塊（ドメインと言います）からなり、その間に大きな溝（空間）があります。この溝は、この酵素が分解すべきペプチドやタンパク質を正確にかつ十分な強さで補足する上で、理想的な立体構造を取っています。さらに注目すべきは、その空間の底にアスパラギン酸(Asp)というアミノ酸が2つ、その空間に向けて突き出ているということです。図の下にその部分の拡大図を示します。

酵素が反応を行う場所を**活性部位**と言います。この2つのアスパラギン酸残基（タンパク質中のアミノ酸を遊離のアミノ酸と区別して、残基と呼びます）と水分子を使って、ペプシンは常温かつ胃液のpHの中で、ペプチド結合を切断することができます。

図5-13(1)に、この活性部位にある2つのAsp残基の位置関係を示します。酵素は水溶液中で働くので、水に囲まれています。(2)に示すように、活性部位にも水は侵入して来ます。酵素は通常この水も反応に活用します。水は単にモノを溶かす溶媒ではないのです。

(2)に示すように水分子は2つのアスパラギン酸残基に水素結合（点線）で捕捉されます。水素結合は弱くても、結合する方向性はきちんと定まっているので、2つのアスパラギン酸残基の間の適切な位置に水分子を配置する上で、極めて効果的に働きます。

また、主たる目的はここでペプチド結合を切断することですから、水分子が余り強く結合して、離れなくなっても困ります。適切な強

図5-12

ペプシンの立体構造。中心付近(活性部位)にペプチド結合の分解に関わる2つのアスパラギン酸残基が見える。

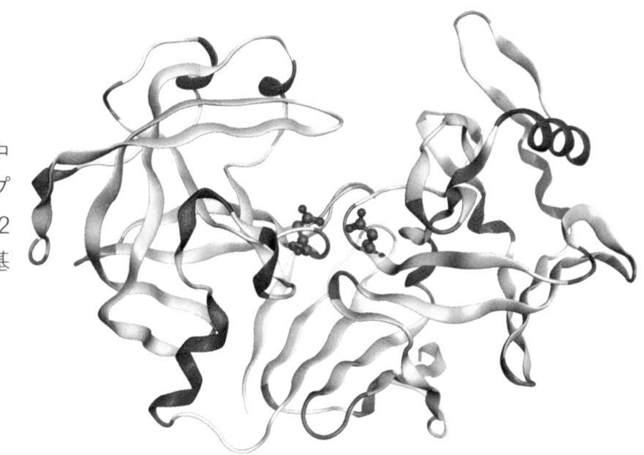

ペプシンの活性部位の拡大図。ペプチド結合の分解に関わる2つのアスパラギン酸残基を示す。

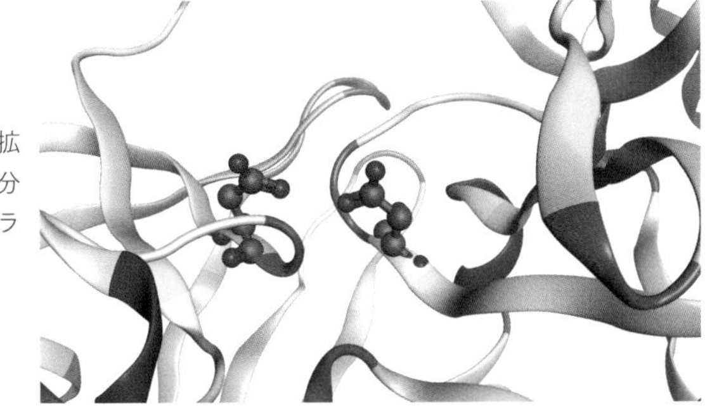

図5-13

(1)

H
O
O　O
O^-
Asp　Asp

(2)

H　O
H　H
O　O^-
O　O
Asp　Asp

活性部位にあるアスパラギン酸残基によるペプチド分解の仕組み。

さで結合する必要があります。こうした塩梅は他の化学結合では真似できない芸当です。

水分子が結合した活性部位にペプチドが接近すると、(3)に示すように水を介した電子の流れ（矢印で示す）が右側のアスパラギン酸残基からペプチドに向かって起こり、左側のアスパラギン酸残基へと電子は流れます。RとR'は分解されるペプチド結合に続くN末端部分とC末端部分を示します。この時分解される水分子は、分解途中のペプチドに結合します。

次に(4)に示すように左側のアスパラギン酸残基から反応途中のペプチドに電子が流れ、最終的に(5)のようにペプチドは2つの部分に分解されます。

この一連の反応は、ペプシンの活性部位の絶妙な立体構造そして2つのアスパラギン酸と水分子の連携プレーにより、活性化エネルギーの壁を越えることなく、図5-10の点線で示される経路をほぼ経て進みます。**この効率的な酵素の働きの秘密は、円滑な分子間の電子移動にあることをもう一度強調しておきたいと思います。**

(3)と(4)に書かれている電子の流れは理論上考えられる流れです。またその流れは実際には同期して起こりますが、説明の都合上(3)と(4)に分けて書いてあります。時間のある時に、電子の流れを想像たくましくして、追ってみて下さい。分子の世界で生き生きと、かつ甲斐甲斐しく働く電子たちの様子が見えてきます。

(5)のようにペプチドが分解されると、2つのアスパラギン酸残基が元の(1)の状態に戻ることに注意して下さい。酵素は反応を仲介して、反応を促進しますが、自分自身は反応によって変化することはありません。このように反応の促進は助けるが自分自身は変わら

(3)

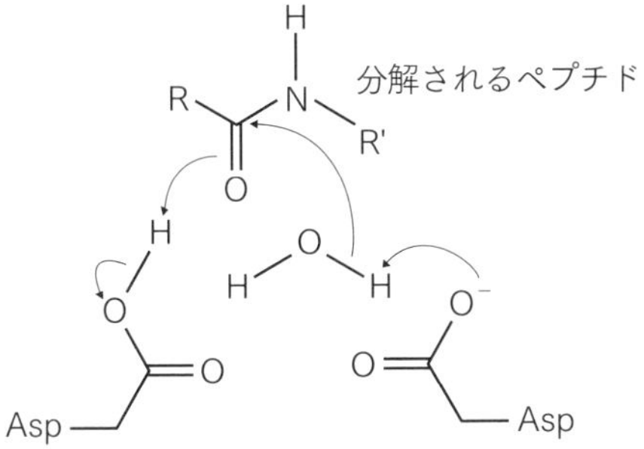

H
R N R'
分解されるペプチド
O
H
H O H
O O⁻
O O
Asp Asp

(4)

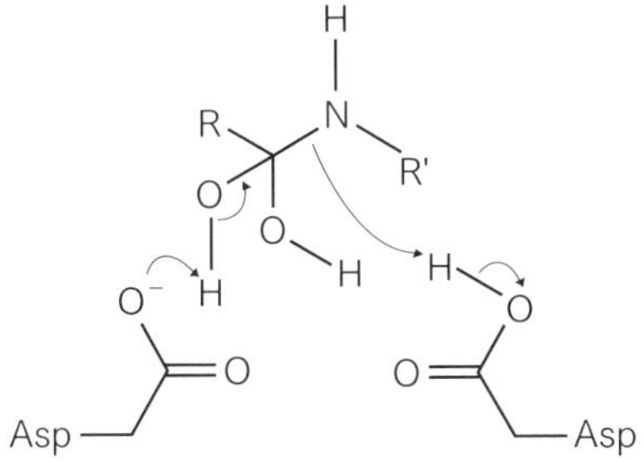

H
R N R'
O O H
O⁻ H H O
O O
Asp Asp

(5)

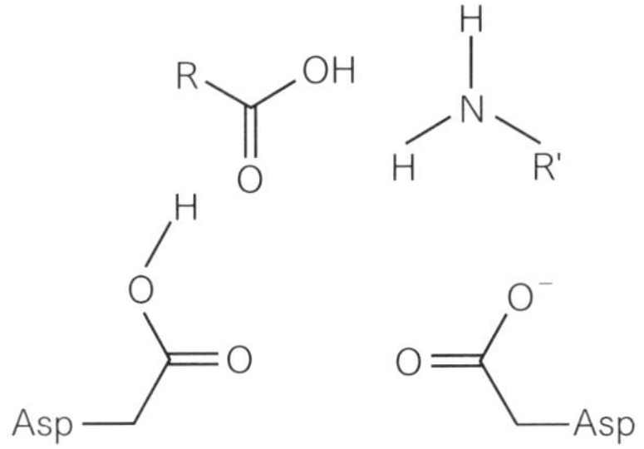

R OH
O
H
H N R'
H
O O⁻
O O
Asp Asp

ない物質を**触媒**と言います。つまり、**原理的に触媒は何度でも働くことができます**。酵素は重要な触媒の1つです。私達の体内で、タンパク質の分解は胃だけではなく腸でも行われますが、そこではまた別の酵素が働きます。活性化エネルギーの壁を越えることを助ける酵素は私達の生命活動になくてはならないものです。

私達は食品を毎日何気なく食べていますが、食べ物を消化する酵素の上では、電子が目まぐるしく動いて、食品中の分子が消化（分解）されているのです。

タンパク質だけでなく、3大栄養素の他の炭水化物も脂質も、体内ではまず消化（分解）されます。それらの消化（分解）には、やはり専門の酵素が関与しており、それらの分解反応でも、分子内そして分子間の電子の流れによって、反応が実際に行われています。

タンパク質の合成には さらに大きなエネルギーと管理が必要

消化（分解）して得たアミノ酸は私達自身のタンパク質をつくるために、ペプチド結合で結合する必要があります。この反応は基本的に前節で述べた分解の逆の反応になります。

そこには少なくとも大きな問題が2つあります。**壊す（分解する）のも結構苦労しますが、つくり上げるのにはさらに努力と工夫が要ります。**

第一の問題は図5-10を見ると分かる通り、アミノ酸からペプチドをつくるための自由エネルギー変化の符号はプラスであるということです。自発的には進みません。

もう一つの問題はアミノ酸の組合わせの問題です。例えばアラニン(Ala)とグリシン(Gly)をペプチド結合する場合、２つのアミノ酸を漫然と使えば、Ala-Ala、Ala-Gly、Gly-AlaそしてGly-Glyの4種類

図5-14　(*aq*)＝水溶液　(*l*)＝液体

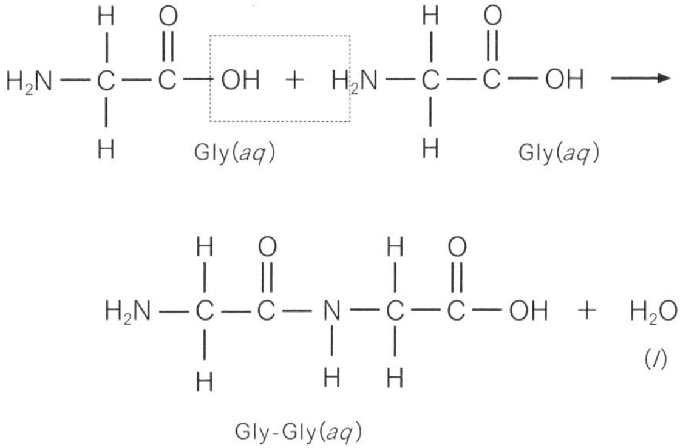

$$H_2N-\underset{H}{\overset{H}{C}}-\overset{O}{\overset{\|}{C}}-OH + H_2N-\underset{H}{\overset{H}{C}}-\overset{O}{\overset{\|}{C}}-OH \longrightarrow$$

Gly(*aq*)　　Gly(*aq*)

$$H_2N-\underset{H}{\overset{H}{C}}-\overset{O}{\overset{\|}{C}}-\underset{H}{N}-\underset{H}{\overset{H}{C}}-\overset{O}{\overset{\|}{C}}-OH + H_2O\ (l)$$

Gly-Gly(*aq*)

２つのグリシンがペプチド結合で結合してジペプチドをつくる。

ができてしまいます。3つのアミノ酸をつなげる場合は8通りになり、100個のアミノ酸をつなげる場合には考えるのも嫌になるほど場合の数は増えてしまいます。

まず、第一の問題から考えてみましょう。

例えば図5-14に示すように、2つのグリシンを結合することを考えます。2分子から2分子が生成するので、エントロピーの変化は大きくなく($\Delta S \approx 0$)、自由エネルギー変化に大きく貢献するのはエンタルピー変化(ΔH)(結合エネルギーの変化)であると考えられます。そのΔH^0は約+8 kJ/molであり、$\Delta G^0_{\mathrm{Gly-Gly}}$の符号は明らかにプラスになってしまうので、混合しただけだと反応は絶対に右には進みません。

ここで登場するのが、生体内における伝家の宝刀、ATPです。図5-14の反応をATP→ADP変換の反応とカップリングさせるのです。

これを図5-15に示します。

カップルするATP→ADP変換の$\Delta H^0 = -21$ kJ/molによってGly＋GlyからGly-GlyへのΔH^0は-13 k J/molになります。従って、$\Delta S \approx 0$ですから、$\Delta G < 0$になり、この合成反応は推進されます。

つまり、図5-16に示すように、Gly＋GlyからGly-Glyへの合成は、ATPをADPに分解して利用可能な大きなエネルギーを得る反応によって強力に推進されます。タンパク質の合成だけでなく、多くの自由エネルギー的には不利な生体内反応がATP分解反応とカップリングすることで、生体内で実際には容易に実現することができます。もちろん、それは**元を正せば太陽からの恵みによっています。**実際のタンパク質の合成の仕組みはもっと複雑ですが、全体のエネルギー収支はここで述べたようになっています。

第二の問題は、やや複雑な仕組みで解決されていますが、以下ごく簡単に説明します。繰り返しますが、**アミノ基の配列はタンパク質毎に厳密に決まっているので、正しい順番で結合しなければなりません。**正しい順番はDNAに書かれています。

DNA中で情報を保管・伝達するために用いられるのが図5-17に示す核酸塩基という分子です（以下の話には直接関係ありませんが、Dはデオキシリボースという DNAをつくる糖を表します）。情報を表現する文字は4種類しかありません。アデニン(A)、チミン(T)、グアニン(G)そしてシトシン(C)です。

英語のアルファベットは26文字であり、小学校6年生までに習う漢字の数は1,006字ですから、**生物は圧倒的に少ない文字数で膨大な情報処理を行っています。**AとTそしてGとCは原則として対をつくることで、情報の保管および伝達を行います。

図5-15　(*aq*)＝水溶液　(*l*)＝液体

$$2Gly(aq) \rightarrow Gly\text{-}Gly(aq) + H_2O(l)$$

$$ATP^{4-}(aq) \rightarrow ADP^{3-}(aq) + HOPO_3O^{2-}(l) + H^{+}(aq)$$

ペプチド合成に必要なエネルギーはATPの分解によってまかなわれる。

図5-16

ペプチド合成とATP分解の
反応はカップリングしている。

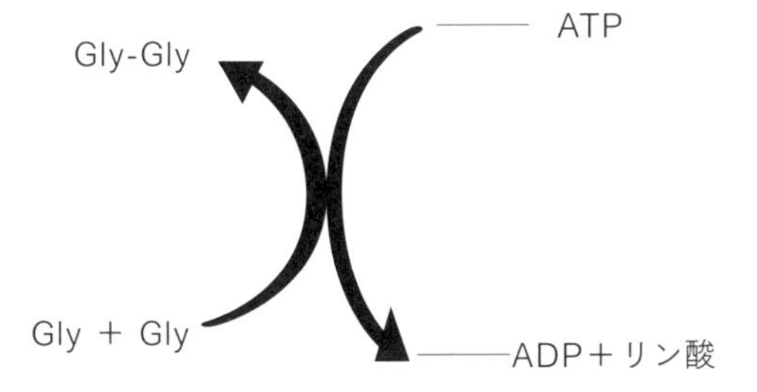

図5-17

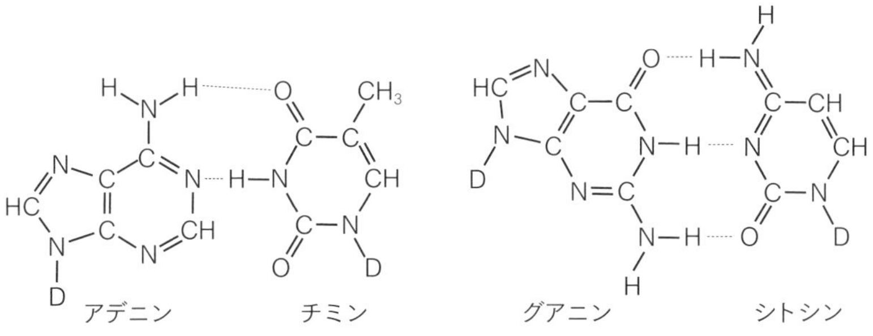

アデニン　チミン　グアニン　シトシン

核酸塩基同士は水素結合で互いを認識する。

塩基の対は、図5-17の点線で示すような2-3本の水素結合でつくられます。水素結合は強くも弱くもない力で相手を正確に認識します。生物は、それを2本または3本使うことで、**情報伝達のミスを可能な限り少なくしています。**

この情報はさらに図5-18のように、相補的な塩基情報を持った鎖が2本で2重らせんをつくることにより**2組の情報を常に対にして保有することで、さらにセキュリティーを高めています。**その生物のマスターデータに当たるDNAは細胞の核の中に厳重に格納・保管されています。

しかし、タンパク質を合成するには、このDNAに書かれている情報を読む必要があります。生物はここでも実に慎重な仕掛けを使い、大事な元データであるDNA中のデータを損傷しないように細心の注意を払っています。つまり、DNAの情報をいったんRNA(ribonucleic acid:リボ核酸)という分子にコピー(転写)し、このRNAを使ってタンパク質合成の指令を出します。この時も核酸塩基を情報の記述に使いますが、RNAではチミン(T)の代わりにウラシル(U)が使われDNAとRNAの情報を区別します。

DNAの情報をRNAに転写する時も、塩基対間の水素結合が使われます。DNAの文字G、A、CおよびTがRNAのどの文字に転写されるかを図5-19に示しました。

左側がDNAの情報、右側がRNAの情報です。RNA側の核酸塩基にはRという置換基が示されていますが、これはリボースという糖を示します(DNAではデオキシリボースが使われます)。DNAの情報を伝えることから、このRNAのことをメッセンジャーRNA(messenger RNA)、簡単にmRNAと呼びます。mRNAは1本鎖です。

図5-18

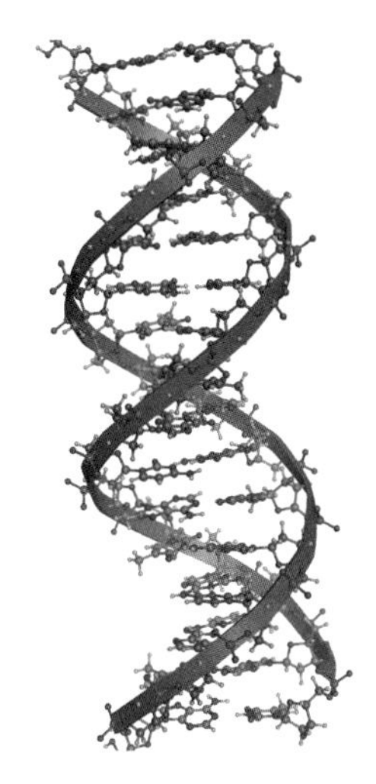

DNAの立体構造。

図5-19

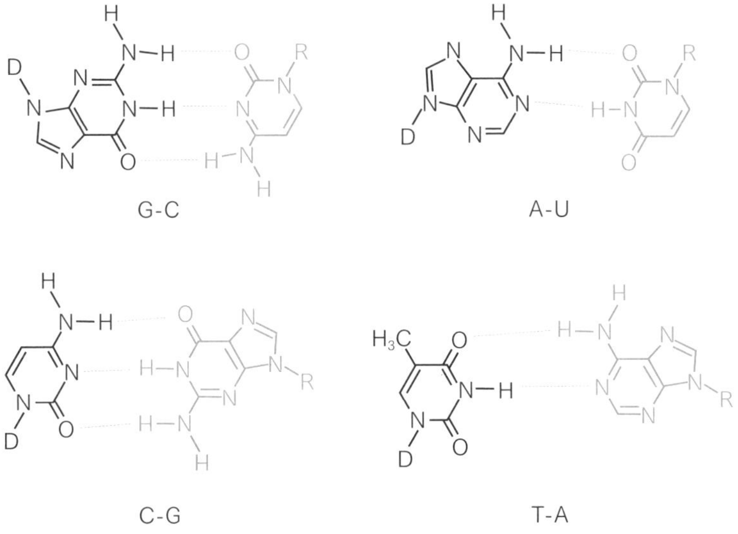

G-C　　A-U

C-G　　T-A

DNA塩基（左）からRNA塩基（右）に水素結合を介して情報が写される。

mRNAは細胞内のリボゾームという細胞小器官に運ばれ、そこでmRNAに書かれた配列情報に基づき、アミノ酸が結合して、タンパク質がつくられます。mRNAに書かれた情報を**コドン**と呼びます。

アミノ酸は転移RNA(transfer RNA)略してtRNAによってリボゾームに運ばれます。tRNAは図5-20に示すように、分子の両端にアミノ酸と3個のRNA塩基を持った小型のタンパク質です。このtRNA上の塩基情報を**アンチコドン**と言います。アミノ酸の種類はmRNA上の連続した3文字で表現されます。例えばAGUというコドンはセリンを表します。セリン残基を運ぶtRNAのアンチコドンには、その相補的な塩基配列であるUCAがあります。

このように、異なるアミノ酸を持ったtRNAがmRNAの情報を使って次々にリボゾーム上に運ばれ、タンパク質(ペプチド)は合成されて行きます。

その様子を図5-21に模式的に示します。

この図では、Ser-Gly-Glu-Phe-Leu---という配列のペプチドがリボゾーム上でmRNAの塩基配列情報を用いて合成されていく様子を示します。ペプチド結合をつくるエネルギーはすでに述べた、カップリングして起こるATP分解反応によって供給されます。以上のように、ペプチド結合で連結するアミノ酸の配列は遺伝情報に基づき厳しく管理されています。このようなやや手の込んだ方法を用いて、第二の問題も生体内では解決されています。

この節ではタンパク質の分解および合成に焦点を絞って、生命活動を支える化学反応の実際をざっと見てみました。生体中にはもっと複雑な化学反応も色々ありますが、**最も基本的なことは、エネル**

図5-20

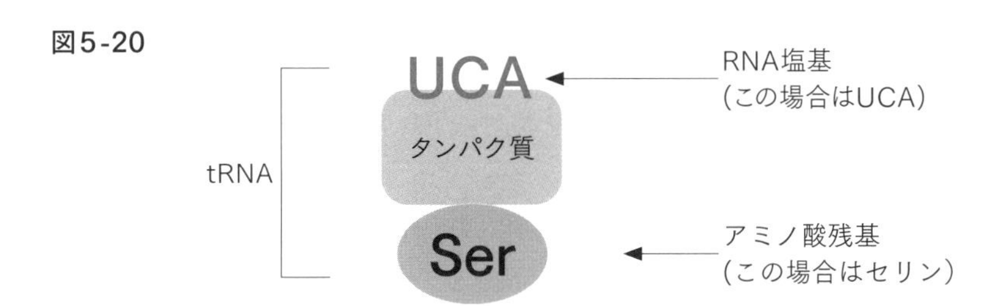

tRNA（転移RNA）の模式的な構造。

図5-21

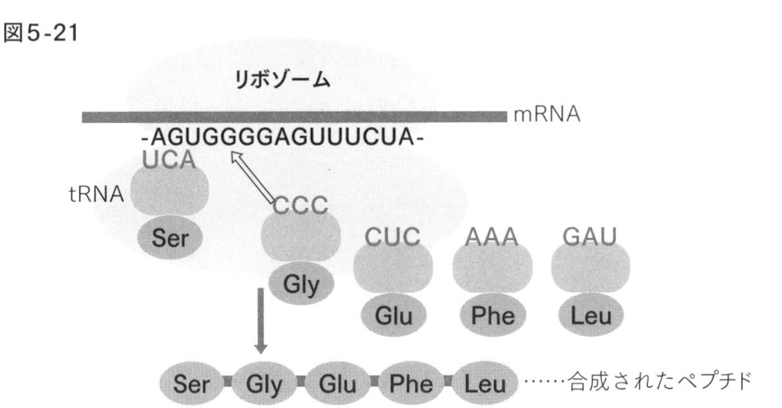

リボゾーム上でmRNAの情報に従ってtRNAが運んでくるアミノ酸がつながり、
ペプチド（タンパク質）が合成される。

ギーを得て物質を変換することです。従って、この節で学んだことは、生体中の他の化学反応を理解する上でも大いに役立ちます。生命活動を主に化学の立場で研究する分野を生化学と言います。この節の内容に興味を持った方、物足りなさを感じた方、そしてさらに疑問が膨れ上がった方は、生化学の勉強にぜひ進んでみて下さい。

なぜ病気になるのか、薬はどのように病気を治す？

医薬分子は言うまでもなく化学物質であり、医薬分子の製造には化学的知識や化学的技術は必須です。また私達は医薬分子を使う場合に、それらが化学物質であることを常に念頭に置くべきです。

医薬分子に限らず、すべての化学物質は私達に有害であり得ます。医薬分子ではありませんが、塩にしても砂糖にしても多量に摂取すれば有害です。

従って、その作用が基本的に強い医薬分子を安全かつ効果的に使うためには、医薬分子の働き方に関する最低限の化学的知識を持っていることが望ましいと言えます。

まず医薬分子（以下では薬と言うこともあります）は、どのようにして病気を治すのかです。

生命活動のほとんどはタンパク質によって実行されています。ところが何かの原因でタンパク質の働きが異常になることがあり、それが取りも直さず多くの病気につながります。**すべてではありませんが、かなりの病気がタンパク質の異常な働きに起因します。**異常な働きとは一体どういうものなのでしょうか。

タンパク質の働きが異常と判断されるケースを大まかに図5-22に示します。

大きく分けて2つになります。

まず第一は、タンパク質は正常であるが、その働き方が正常でない場合です。「過ぎたるは猶及ばざるが如し」と言います。タンパク質が正常であっても、望ましい働きの範囲を逸脱することがあり

図5-22

(1) タンパク質は正常

(a) タンパク質の量が正常より多いか、作用が正常より活発過ぎる

(b) タンパク質の量が正常より少ないか、作用が正常より不活発過ぎる

(2) タンパク質が異常

(a) 遺伝子の変異で健常人にはないタンパク質が機能する

(b) 外来性のタンパク質が働く

(c) 健常人が持つタンパク質が遺伝子の変異でつくられず、そのタンパク質による正常な機能が失われる

タンパク質の働きが異常と判断されるいくつかの場合。

ます。タンパク質の機能が活発過ぎても、不活発過ぎても、問題が起こります。また、正常なタンパク質でも、その発現量が適切な範囲から逸脱すると、問題が起こります。

第二は、健康な人には普通はないタンパク質が働いてしまう場合です。遺伝子が変異すると、変異タンパク質がつくられ、それが望ましくない働きをする場合があります。またウイルスなどの寄生生物から体内に持ち込まれる外来性のタンパク質は、宿主である私達にとって本来必要でない活動をするために、望ましくない症状を引き起こします。

大半の薬はこれらのタンパク質に作用して、その作用を制御することで病気を治します。薬が効く相手ということから、これらのタンパク質を**標的分子**と言います。これらの標的分子の働きを制御す

るのが薬の分子です。つまり、大きく分けると標的分子の作用を抑制もしくは停止させる薬と、標的分子の作用を促進する薬の2種類があると言えます。前者のタイプを**拮抗薬（アンタゴニスト）**または**阻害薬（インヒビター）**、そして後者のタイプを**作動薬（アゴニスト）**と呼びます。

タンパク質の表面には、その分子の機能に必須の化学反応を行う部位があります。すでに見た酵素の活性部位もその一つです。大部分の医薬分子は標的分子の制御をする際に、この部位と相互作用します。そこで、この部位を**医薬分子の結合部位**（単に結合部位）と呼びます。タンパク質はアミノ酸でできていますので、結合部位には特定のアミノ酸が集合し、そこで行われる化学反応が能率的に行われるような特有の形（立体構造）を形成しています。

そうした標的分子の医薬分子結合部位の例を図5-23に示します。

この場合、医薬分子結合部位には、プラスに帯電した原子（例えば塩基性アミノ酸のリジン残基の側鎖）、水素結合をつくることのできるヒドロキシ基（例えばセリン残基の－OH基）そして底の方に疎水性部位があります。

図5-24に示す医薬分子Aは分子内にマイナス電荷を持つ部分、水素結合を受けることができる原子団そして疎水性の領域を持っていて、それらが図に示すように、ちょうど標的分子の対応する位置に配置できる構造をとっています。従って、この分子Aは標的分子に作用して、その働きを制御できます。

一方、図5-25に示した医薬分子Bは分子内にプラスの電荷を持つ部分があり、分子の大きさや形が標的分子には結合できないことから、医薬分子Bはこの標的分子に結合できず、制御できません。

図5-23

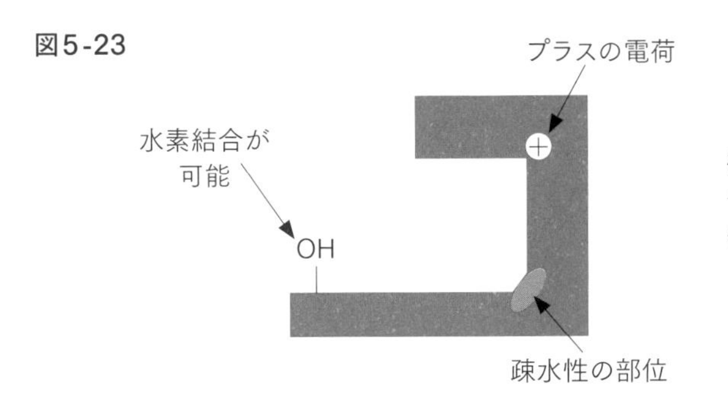

標的分子上の医薬分子結合部位の化学的特徴の１例。

図5-24

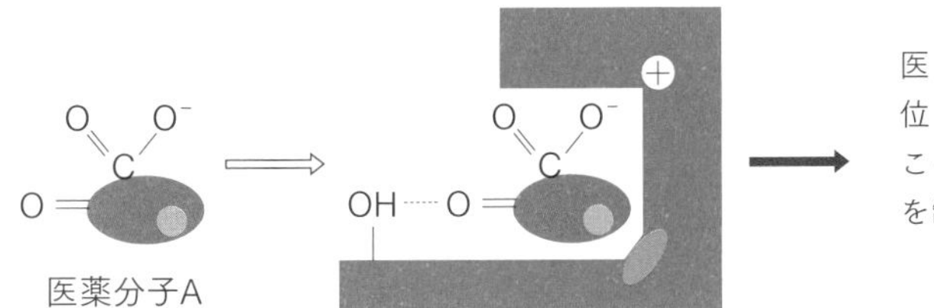

医薬分子Aは結合部位に結合できるので、この標的分子の作用を制御できる。

図5-25

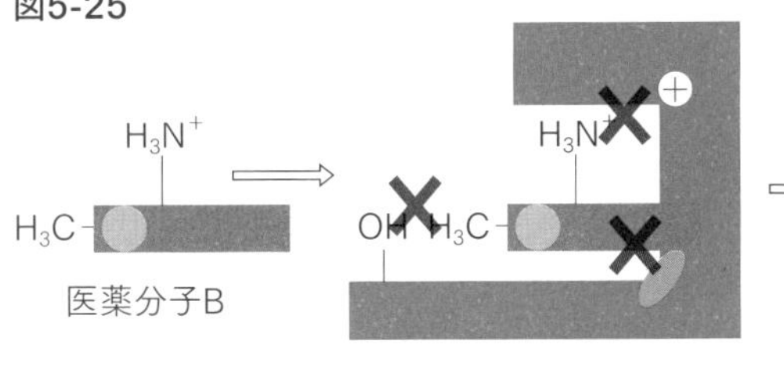

医薬分子Bは結合部位に結合できないので、この標的分子の作用を制御できない（薬として働きを持たない）。

つまりこの標的分子が直接関与する病気には効かないということになります。たいていの医薬分子は図5-24の例のように共有結合以外のより弱い結合で標的分子に結合しますが、ごく少数の医薬分子は共有結合でがっちり標的分子に結合します。いずれにしても、医薬分子は標的分子を化学結合による相互作用（結合）で制御します。従って、医薬品の働き方を理解したり、新しい医薬品を開発する上で化学的な知識や技術は必須です。

血圧を下げる薬

実際の例を少し見てみましょう。

第一の例は、血圧を下げる薬です。**血圧は生命活動にとって非常に大事なので、厳しく制御されています。**体内には血圧を上げるタンパク質と下げるタンパク質があり、それらが通常はちょうどよく働いて血圧を適正に保っています。ところが、何かの原因で血圧を上げるタンパク質が過剰に働いてしまうことがあります。また加齢等により、種々の条件から、血圧を上げるタンパク質が実質的に過剰に働いてしまうことがあります。

そうしたタンパク質の1つに、アンジオテンシン変換酵素（ACE: angiotensin converting enzyme）があります。この酵素は血圧を上げる作用を持ちます。従って、この酵素の作用を抑えれば、血圧を下げることができます。この酵素を標的分子として開発された薬が図5-26に示すカプトプリルです。

比較的小さな分子で、ペプチド結合、カルボキシ基そして硫黄原子を含むチオール基（−SH）を分子内に持ちます。本態性高血圧症や腎性高血圧症に対して処方されています。カプトプリルはACEに強力に結合し、その作用を抑え、血圧を下げることができます。

降圧剤カプトプリルの化学構造。

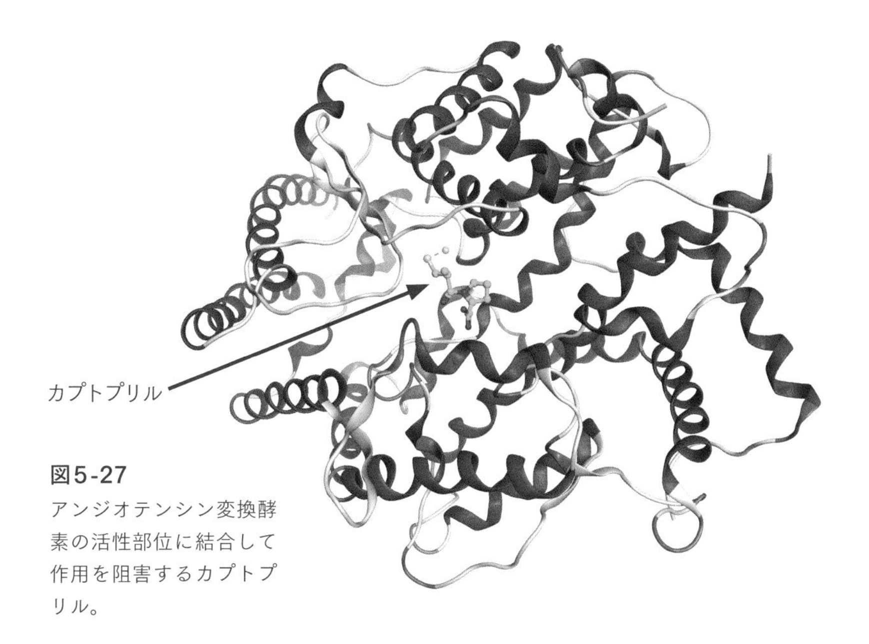

図5-27
アンジオテンシン変換酵素の活性部位に結合して作用を阻害するカプトプリル。

カプトプリルが実際にACEの働きを抑えている様子はX線結晶解析という、分子の立体構造を見ることのできる強力な手段によって解明されています。

図5-27に示すように、カプトプリルはACEの中央の溝にがっちり結合して、この標的分子（酵素）の作用を阻害しています。酵素の作用には亜鉛（Zn）イオンが必須ですが、その亜鉛イオンの働き

をチオール基が邪魔しています。

結合部位でのカプトプリルと酵素の相互作用を図5-28に模式的に示します。

3章で述べた幾つかの分子間相互作用を使ってカプトプリルは結合しています。

解離したカルボキシ基のマイナス電荷は酵素上のプラスの荷電を帯びたリジン残基と静電相互作用します。このO原子はまた酵素上の別のアミノ酸（チロシン）残基とも水素結合します。分子中央のカルボニル基のO原子は酵素上のヒスチジン(His)残基と水素結合します。

またN原子を含む5員環部分は疎水的な相互作用（ファン・デル・ワールス相互作用）を酵素としています。さらにS原子を含むチオール基はこの酵素の活性に必要な亜鉛イオンと直接的に相互作用しています。つまり分子間相互作用でカプトプリルはACEに結合しています。

図5-29にカプトプリルが結合するACE部分の拡大図を示します。この図ではACE分子の表面が表示してあります。黄色は疎水的、そして青色は親水的な表面を表します。酵素の表面にカプトプリルがすっぽり収まる空間のあることがよく分かると思います。

この図から、ACEのこの結合部位にちょうど収まって、上記の分子間相互作用でACEに結合できる分子であれば、ACEを阻害して血圧を下げることができるはずであると、推定できます。

つまり、化学構造が似た分子は同様の作用を持つはずです。実際、カプトプリルとよく似た化学構造を持つ何種類かの医薬分子が開発され、それらは実際に血圧を下げるために使われています。代表的

図5-28

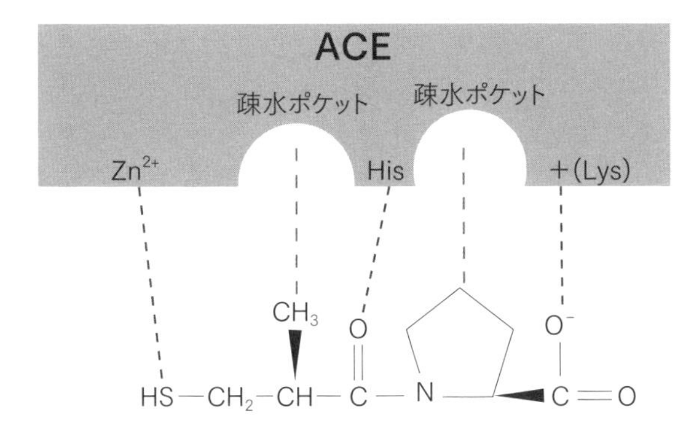

アンジオテンシン変換酵素の活性部位と相互作用するカプトプリル。
相互作用を模式的に示す。

図5-29

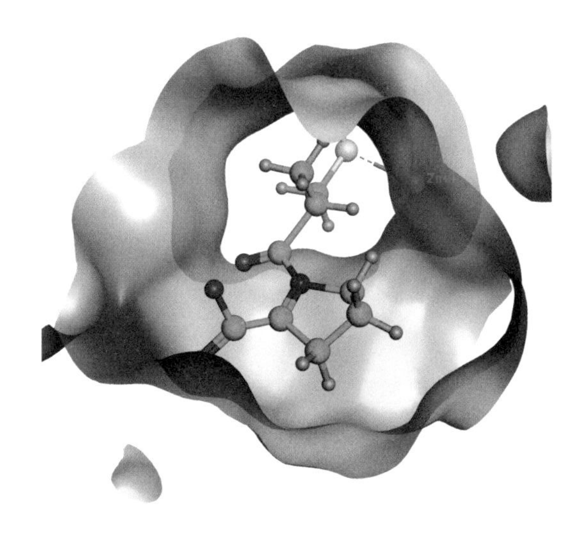

アンジオテンシン変換酵素(ACE)の活性部位に結合するカプトプリル。
活性部位のACE分子表面を曲面で示した。
活性部位にすっぽりとカプトプリルが結合することが分かる。

な例を図5-30に示します。

繰り返しますが、**化学構造の似た分子は同じような性質を示し、私達の体内で類似の機能を示す可能性を持っています。**これは現実的に薬を服用する上では、非常に重要な（注意すべき）ことになります。

もし、特定の化学構造を持つ医薬分子に対して過敏であれば、類似した化学構造を持つ医薬分子に対しても当然過敏であるはずです。医薬分子は体内で唯一の標的分子のみに結合する訳ではありません。

類似した化学構造を持つ医薬分子が別の病気に処方されることがありますが、それらを同時に服用すると、特定の標的分子の作用を予想以上に制御してしまい、それが思わぬ副作用を引き起こすことがあります。また相互作用を引き起こすのは医薬分子同士ばかりではなく、食品中に含まれる化学物質と医薬分子との相互作用も起こり得ます。少なくとも複数の医薬分子を同時に服用する場合には、医師や薬剤師によく説明していただき、思わぬ副作用に逢わないように注意すべきです。

パーキンソン病の症状を改善する薬

高齢化が進むにつれて**パーキンソン病**にかかる人の数も増えています。パーキンソン病の主な症状は体の動きがスムーズにできなくなることです。この症状に深く関わっているのがドーパミン（図5-31(a)）という神経中で情報を伝達する分子（神経伝達物質）です。

脳内にはドーパミン受容体というタンパク質があり、この受容体（標的分子）にドーパミンが結合することで、情報が適切に伝えら

図5-30

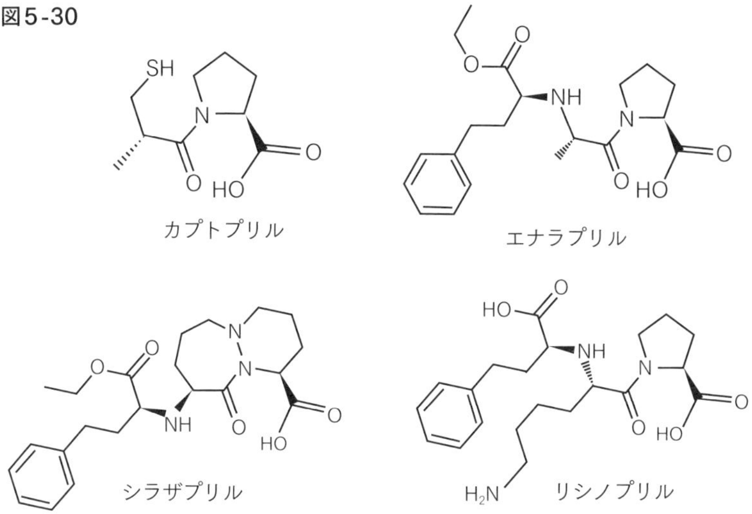

カプトプリル

エナラプリル

シラザプリル

リシノプリル

カプトプリルと類似した化学構造を持つ医薬分子。

図5-31

(a)

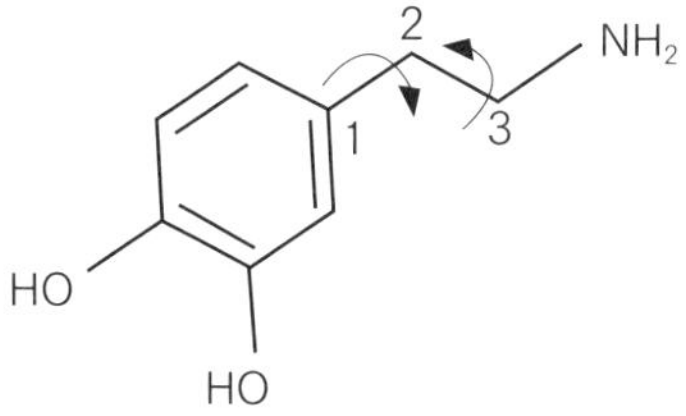

ドーパミンの化学構造。

れ、それが正常な体の動きにつながります。ドーパミンが減少すると、神経伝達がうまく行えず、特有の症状を発症します。

従って、ドーパミンを補ってやれば良いのですが、ドーパミン分子の性質による問題があり、ドーパミンは脳に到達できません。**脳は私達にとってとても大切な器官ですから、そこに入ってくる物質を大幅に制限します。**不審な物は入れないのです。

この脳に入るための関所を**血液脳関門**（**blood-brain-barrier: BBB**）と言います。一般にBBBは大きな分子は通過させず、親水性の高い分子も通過させません。BBBは、化学的特徴で分子を識別しています。その基準からドーパミン分子はBBBを通過できないので、投与しても効きません。

科学者は、ドーパミンに似た化学構造を持ち、かつBBBを通過できる分子はないか、探索してみました。その結果発見されたのがアポモルフィン（図5-31(b)）です。アポモルフィンには(*R*)-体と(*S*)-体の2種類の光学異性体が存在しますが、(*S*)-体は受容体に結合できません。

従って、薬として活用されている分子は(*R*)-体です。たんぱく質である受容体（標的分子）は非常に厳密に分子の化学的性質を識別します。

さて、ドーパミンとアポモルフィンの分子構造を比較してみましょう。一見すると異なるように見えますが、2つのヒドロキシ基、ベンゼン環そして2つのC原子の先にあるN原子と、非常に類似した原子団を同じ位置関係で持っています。似た化学構造を持つ分子は似た性質（機能）を持ちます。

さらにアポモルフィンにはすごい秘密があります。改めてドーパミン分子を図5-32で見てみましょう。ドーパミン分子の1、2および3で区別されるC原子間の結合は単結合です。2章で学んだように、基本的にその結合まわりの回転は自由にできます。従って(a)だけ

(b)

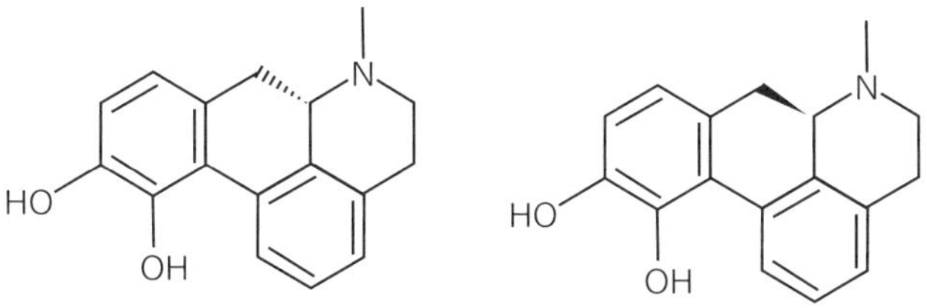

N　HO　OH　　N　HO　OH

(*S*)-体　　(*R*)-体

図5-32

(a)　　(b)　　(c)

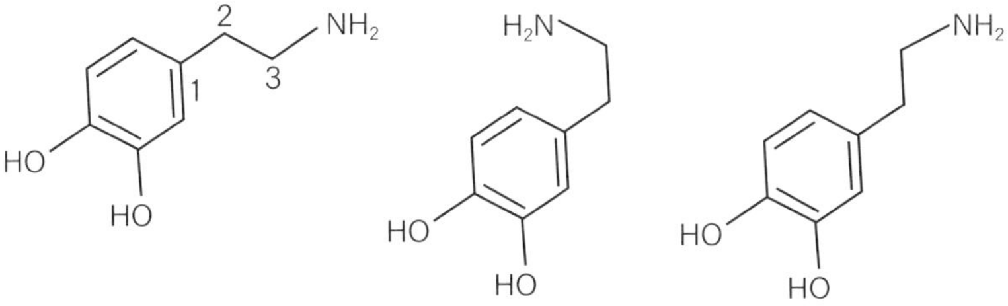

2　NH_2　1　3　HO　HO

H_2N　HO　HO

NH_2　HO　HO

ドーパミンがとり得る複数の立体配座。

ではなく、(b)や(c)の構造、さらにはそれらの中間の構造（これを立体配座と言いました）もとれることになります。

極端な話、1から先の部分はくるくる回っていることになります。標的分子（受容体）上では医薬分子が結合（相互作用）する場所は厳密に決まっているので、このように自由度があると相互作用の効率は下がります。

一方、アポモルフィンでは何かおまけのようについているベンゼン環が結合して、3つの環構造をつくるために、N原子の位置はピシッと決まります。

もしこの位置関係が受容体との結合をつくる上で適するなら、アポモルフィンの方がずっと能率的に受容体に結合するはずです。化学構造の特徴を上手に活用すれば、分子間の相互作用まで任意に操ることができます。

しかし注意しなければいけないこともあります。

アゴニストとは、標的分子（受容体）に結合して、その標的分子が本来持っている働きを促進する分子です。従って、**標的分子に余り強く結合し、その動きを妨げてしまうとアゴニストとしての働きを失い、むしろアンタゴニスト（阻害薬）として働いてしまいます。**

この場合、天然の作動薬であるドーパミンとほとんど同じように標的分子に働かないといけません。「過ぎたるは猶及ばざるが如し」で、適切なアゴニストを見つけるのはなかなか難しい仕事になります。標的分子の働きを言わば「黙らせる」アンタゴニストを見つける方がずっと容易です。

図5-33にアポモルフィンが標的分子であるドーパミン受容体の結合部位に結合する様子を示します。

結合部位は分子表面で示しました。アポモルフィンがすっぽり入っていることが分かります。アポモルフィンは結合部位にあるアミノ酸と静電相互作用、水素結合そして疎水相互作用によって結合しています。化学の力を借りれば、天然の作動物質（この場合はドーパミン）を凌ぐアゴニストをつくり出すことができることをこの例は示しています。

図5-33

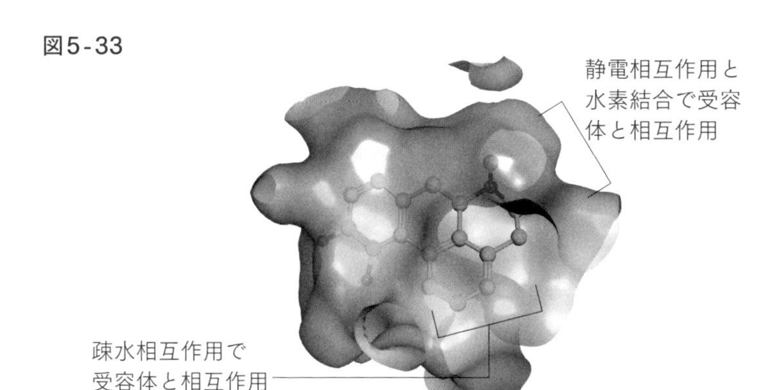

ドーパミン受容体の結合部位に良好に結合するアポモルフィン。結合部位は分子表面で示す。

異常なタンパク質の働きを抑える薬

遺伝子の変異によって異常なタンパク質がつくられ、それが原因で発症する病気は少なくありません。

慢性骨髄性白血病もその1つです。この病気を発症した患者の多くが、健常人とは異なるフィラデルフィア染色体を持ち、この染色体に発現する遺伝子によってBcr-Ablチロシンキナーゼという酵素が体内でつくられます。この酵素は健常人ではつくられない酵素です。チロシンキナーゼという酵素はタンパク質中のチロシン残基を特異的にリン酸化する作用を持っており、正常な細胞中にも存在する酵素です。この酵素は、細胞内の標的タンパク質にシグナル（信号）を伝達する重要な役目を持っています。

通常はその働きは制御されており、必要な時にだけ働く仕組みになっています。しかし、Bcr-Abl チロシンキナーゼは常に活性化された（働ける）状態にあり、細胞内のさまざまなシグナル伝達を不必要に起こしてしまい、その結果として慢性骨髄性白血病が発症してしまいます。

Bc-Abl チロシンキナーゼは健常人にはないので、その作用を止めてしまっても、生命活動にはまったく支障はありません。

従って、この異常酵素の働きを選択的に阻害できる薬は慢性骨髄性白血病細胞のみの増殖を抑制できるはずです。

理想的な薬です。

そこで、研究者達が膨大な数の有機化合物の中に、Bcr-Abl チロシンキナーゼの作用を選択的に阻害できる化合物があるかどうかをしらみ潰しに調べました。

その結果、図5-34に示すイマチニブという化合物が望みの活性を持つことが明らかになりました。イマチニブは慢性骨髄性白血病の治療薬として現在使われています。

図5-35にイマチニブが、Bcr-Abl チロシンキナーゼの働きを実際に阻害する様子を示します。

イマチニブが結合する部分のチロシンキナーゼの分子表面を点の集合で示しました。酵素の分子内に存在する湾曲した空間にイマチニブが上手に相補的に結合する様子が分かります。このように形が相補的になるように相互作用できる分子は、強力に標的分子に結合できます。

イマチニブは、Bcr-Abl チロシンキナーゼを阻害する上で、理想的な形をした分子の1つです。標的分子の詳細な立体構造、特に機能上重要な結合部位の立体構造が分かれば、それと相補的に結合できる阻害分子を新たに分子設計して合成することもできます。

図5-34

イマチニブの化学構造。

図5-35

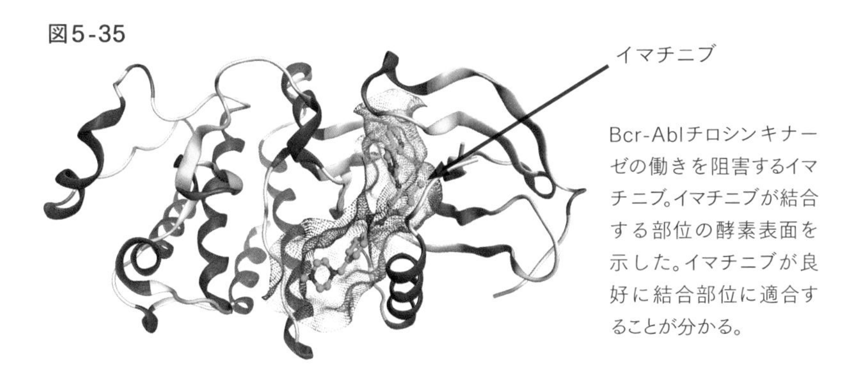

Bcr-Ablチロシンキナーゼの働きを阻害するイマチニブ。イマチニブが結合する部位の酵素表面を示した。イマチニブが良好に結合部位に適合することが分かる。

図5-36

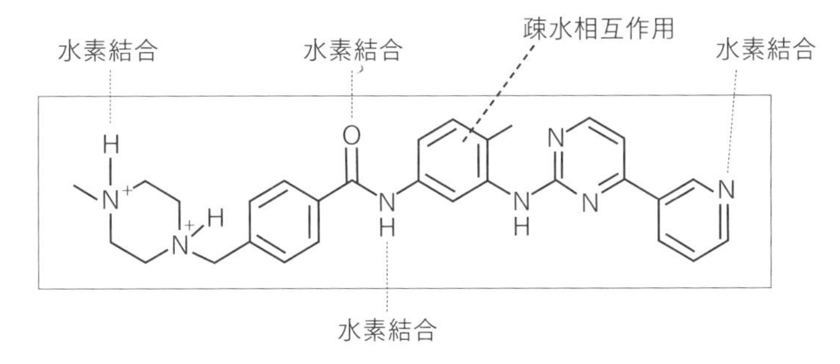

イマチニブとBcr-Ablチロシンキナーゼの相互作用様式。

図5-36にBcr-vAbl チロシンキナーゼの結合部位空間におけるイマチニブとの相互作用を模式的に示しました。

少なくとも4本の水素結合と疎水相互作用によって、イマチニブは強力に標的分子に結合しています。イマチニブのように**特定の標的分子に特異的に結合するようにつくられた薬のことを分子標的治療薬と呼びます。**

理想的には、すべての薬は分子標的治療薬であるべきです。

新型コロナ・ウイルスCOVID-19に対する薬

ウイルスは感染時に、ウイルスの増殖に必要な独自のタンパク質を私達の体内に持ち込みます。

それらのタンパク質は本来私達の体内ではつくられないものなので、それらのタンパク質の働きを特異的かつ効果的に阻害すれば、体内でのウイルスの増殖を防ぐことができます。

新型コロナ・ウイルスはRNAウイルスと呼ばれ、RNAを遺伝物質として使います。RNAウイルスはこの遺伝物質を複製するために、独自のRNA依存性RNAポリメラーゼという酵素を持っています。私達人間も、DNAの情報に基づきタンパク質を合成する過程でRNAを使うので、DNAからRNAをつくる酵素、DNA依存性RNAポリメラーゼを持っています。しかし、人間はRNA依存性RNAポリメラーゼを持っていません。従って、この酵素を標的にすれば、理想的には人間には作用せず、ウィルスの増殖だけを抑えることができるはずです。

それではどのようにRNA依存性RNAポリメラーゼの働きを阻害すれば良いのでしょうか。いくつかの戦略はあります。その1つは、ウイルスがRNAをつくる原料分子に似せた分子をつくり、この酵

図5-37

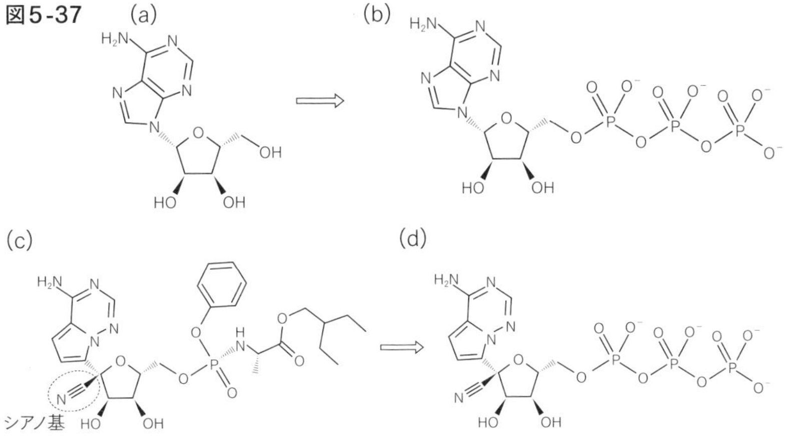

レムデシビルとATPとの対応。(a)アデノシンが(b)アデノシン三リン酸になって働くように、(c)レムデシベルは(d)の形になってRNAに取り込まれる。

素が誤ってこの分子を取り込むように仕組むことです。この酵素に、言わば「毒まんじゅう」を食べさせようという案です。その発想でつくられた薬がレムデシビルです。

RNAの中で遺伝情報を伝える正規の原料の1つが図5-37(a)に示すアデノシン（核酸塩基）です。

アデノシンは(b)に示すアデノシン三リン酸の形になってから、RNAの合成に使われます。レムデシビル(c)はアデノシンと非常に類似してつくられています。体内に入って、ウイルスに到達しやすい（細胞膜透過性を上げる）ような化学構造を右側に持っていますが、細胞内では代謝されて(d)のようなリン酸が3個結合した分子に変換します。

ATPに酷似した分子に変身するのです。このように体内や細胞内に取り込まれてから変身して、実際に効果を示すようにあらかじめ仕組まれた薬を**プロ・ドラッグ**と呼びます。

多くのプロ・ドラッグが現在使用されています。プロ・ドラッグにすることで、薬を使える幅が大きく広がります。プロ・ドラッグをつくるには、その薬の作用の分子メカニズムに関する十分な理解と、適する分子を正確に合成できる卓越した化学技術が必須です。

さてレムデシビルがRNAポリメラーゼの働きを妨害して、ウイルスの増殖を阻止する様子を図5-38に模式的に示します。

大きな楕円はRNAポリメラーゼを示します。(a)に示すように、レムデシビルがない時は、下にある鋳型になるRNAの情報を使って上にある複製RNAが次々と合成されます。合成されたRNAは鋳型RNAと共に、この図で左の方向にRNAポリメラーゼ上を移動していきます(滑っていきます)。レムデシビルが(b)のようにアデニンの代わりに合成されるRNAに取り込まれても暫くはRNAの合成は続きます。

ところが、4つめのRNAが結合する時にストップがかかるのです。RNAポリメラーゼ上で、合成されたRNAが通る所にセリン残基があります。通常のRNAであれば、障害なしにこのそばを通れますが、図5-37(c)に示したレムデシビルの化学構造には、〇で囲んだシアノ基という原子団があり、このシアノ基と出口付近のセリン残基がぶつかってしまいます。つまり、ここで合成されたRNAは詰まってしまい、それ以上のRNA合成が進まなくなり、ウイルスのRNAの合成は不完全のまま終わります(c)。つまり、このRNAによってつくられるはずのウイルスの増殖に必要なタンパク質はつくられなくなり、ウイルスの増殖は止まります。

レムデシビルが取り込まれた(b)の状態の立体構造を図5-39に

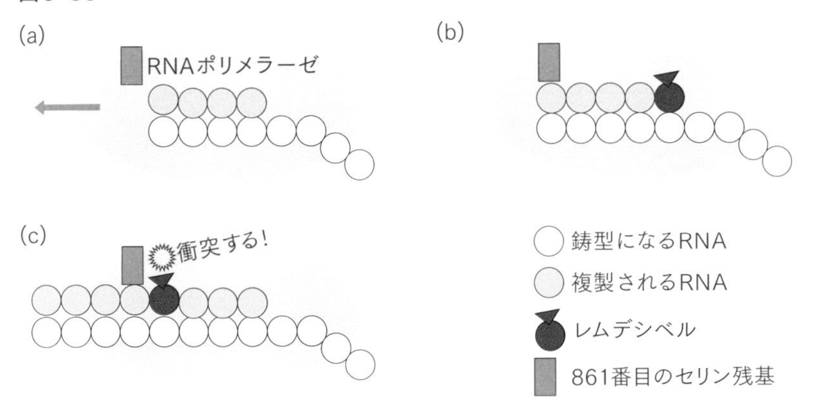

RNAポリメラーゼの働きを阻害するレムデシビル。

図5-39

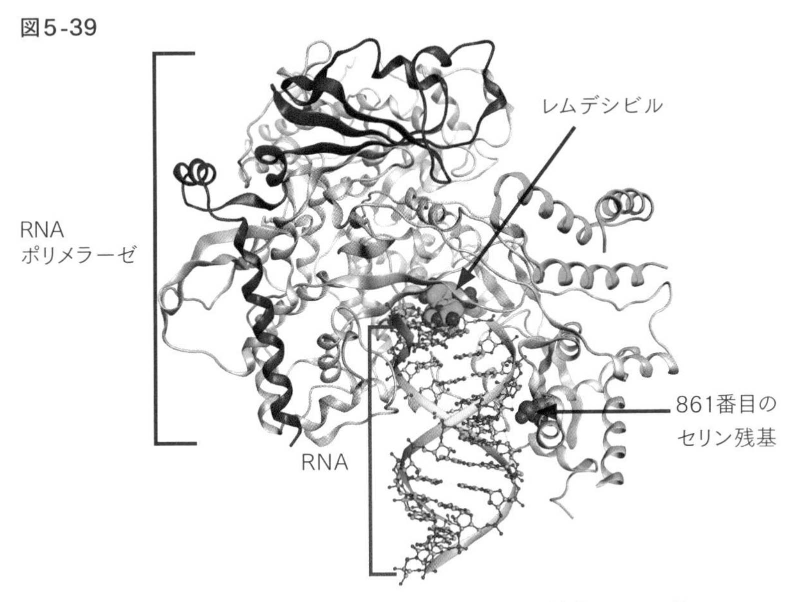

実際にレムデシビルがRNAポリメラーゼの作用を妨害している様子
（電子顕微鏡で得られた構造）。

示します。この立体構造は低温電子顕微鏡の手法で求められたものです。COVID-19の治療薬が少ない中で、レムデシビルは貴重な治療薬の1つになっています。

☑ **私達が生きていく上で重要なエネルギーの獲得、食物の消化そして体を構成する生体分子（例えばタンパク質）の合成など、すべての生命活動は化学反応の産物と言えます。これまでの章で学習した化学知識を活用すれば、生体内で起こる素晴らしい生命活動を理解できます。**

6章

身の回りのモノを化学的に見るとは?

私達は生活の中で日常的にさまざまな化学物質を使っています。これらの化学物質は私達の生活を便利にしたり、健康を守ったり、あるいは生活に彩りをつけるために使われます。現代社会ではそうした化学物質抜きの生活はもはや考えられません。この章では、本書でこれまで説明した化学知識が、私達が日常的に使うこれらの化学物質の性質を理解し、それらを有効かつ安全に使用する上でどのように役に立つのか、いくつかの例をお目にかけます。

Keyword

- 分子のかたちが物質の状態に影響する
- アレルギーを予防する知恵
- 多くの商品は単独での使用を想定

Case 1
なぜ飽和脂肪酸は体に悪いのか

脂質は三大栄養素の一つで、私達の体にとって重要な栄養素です。

私達は図6-1(a)に示すように、トリアシルグリセロールという形で脂質を摂取します。トリアシルグリセロールとはグリセロールという構造に3個の脂肪酸(R_1、R_2およびR_3)が結合したものです。

例えば、(b)に示すパルミチン酸のような脂肪酸が結合します。生体内では、トリアシルグリセロールはリパーゼという酵素で分解され、エネルギー源として使われる脂肪酸が血液中に放出されます。

逆に、脂肪酸を体に蓄える時にはトリアシルグリセロールの形になります。(c)に短い炭素鎖を持つ脂肪酸の１つ酪酸を示します。(d)はこの酪酸をR_1、R_2およびR_3に持つトリアシルグリセロールです。

脂肪酸には含まれるC原子の数と二重結合の数によりさまざまな種類のものがあります。

代表的な脂肪酸の例を図6-2に示します。

(a)はラウリン酸です。すべてのC原子間の結合が単結合で、このような脂肪酸を**飽和脂肪酸**と言います。腸内細菌の1つである酪酸菌がつくる酪酸も飽和脂肪酸の1つです。ラウリン酸はココナッツ油などに含まれます。(b)に示すオレイン酸は二重結合を1つ持ちます。そのため、*cis*-オレイン酸と*trans*-オレイン酸の2種類の幾何異性体が存在できます。このように二重結合を持つ脂肪酸を**不飽和脂肪酸**と言います。オレイン酸はオリーブ油などに含まれます。分子内に複数の二重結合を持つ脂肪酸もあり、その1例が(c)に示すエイ

図6-1

(a)

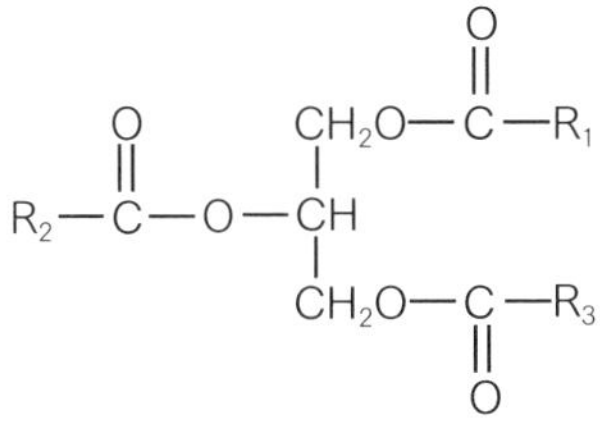

(b)

(c)

(d)

トリアシルグリセロール
および種々の脂肪酸の化学構造。

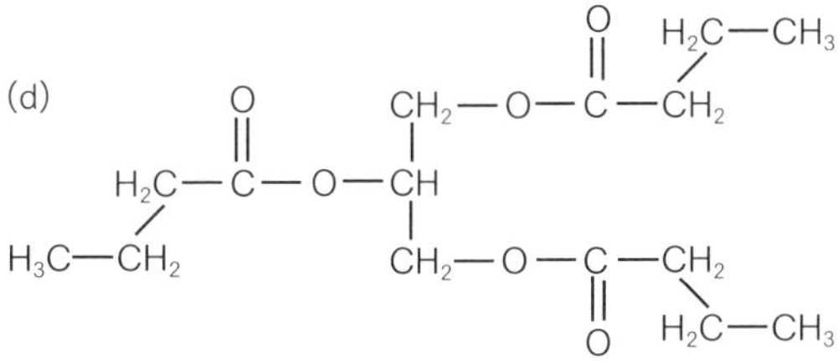

図6-2

(a) ラウリン酸

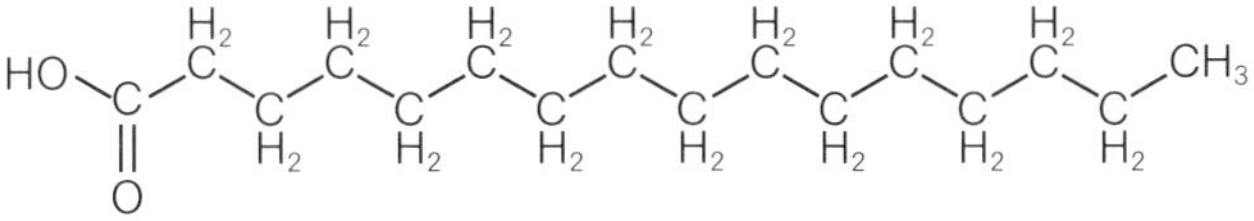

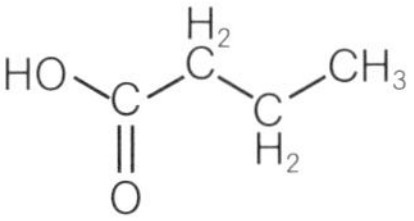

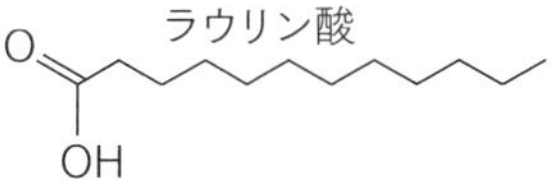

(b) *cis*-オレイン酸

trans-オレイン酸

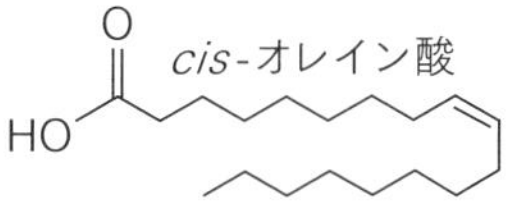

(c) エイコサペンタエン酸

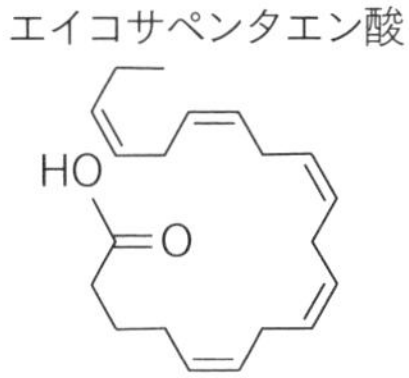

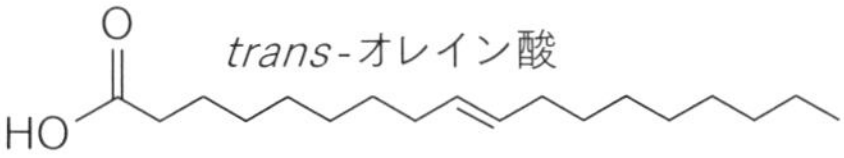

種々の飽和および不飽和脂肪酸の化学構造。

コサペンタエン酸（EPA: eicosapentaenoic acid）です。EPAは青魚や魚油などに含まれます。3章で学んだ知識を使って図6-2に示した脂肪酸の性質について推測してみましょう。

融点を左右する構造の違いとは

まず、どの脂肪酸もカルボキシ基を1つ持つだけで、残りの部分はCとH原子からなっています。CとH原子からなる分子を炭化水素と言います。CとH原子の電気陰性度は小さいので、周囲の別の分子との電子のやり取りはあまり積極的には行われません。

つまり炭化水素部分は水に溶けにくい構造です。実際、図6-2に示す3種の脂肪酸は水に不溶です。

固体が液体になる温度を融点と言います。融点が低い物質は、室温では液体です。分子の重さである分子量は、ラウリン酸＜*cis*-オレイン酸＜エイコサペンタエン酸の順に大きくなります。

しかし融点はラウリン酸＞*cis*-オレイン酸＞エイコサペンタエン酸の順で小さくなります。単純に考えると、重い分子の方が固体になりやすい気もします。

ところが、この場合はそうではありません。固体になるとは一体どういうことでしょうか？

固体では分子同士は密に詰まらなくてはならないので、密な（隙間のない）分子間相互作用が必要です。つまり、**分子同士が密に集合しやすい方が、より固体になりやすいということです。**

図6-3にこれらの分子の最も安定な立体構造を示します。ラウリン酸はほぼ直線状の構造をとりますので、複数の分子を隙間なく並べることができます。実際、図6-4に示すようにラウリン酸はキチンと並んで結晶になります。

図から分かるように、親水的なカルボキシ基同士が集合し、疎水

図6-3

(a)

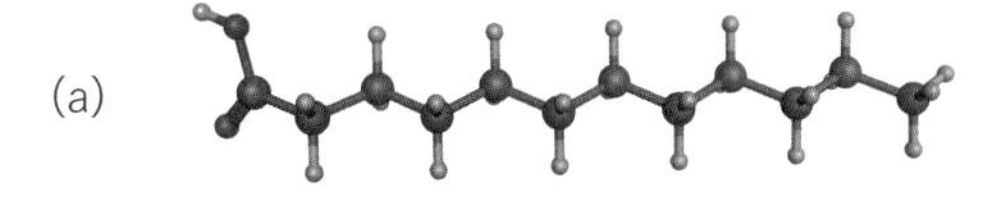

(b)

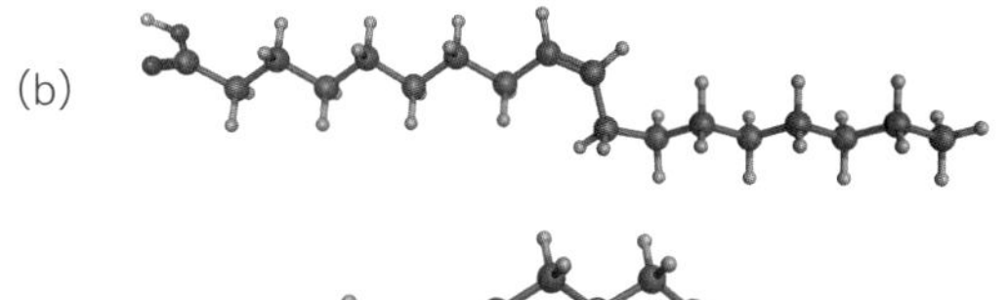

(c)

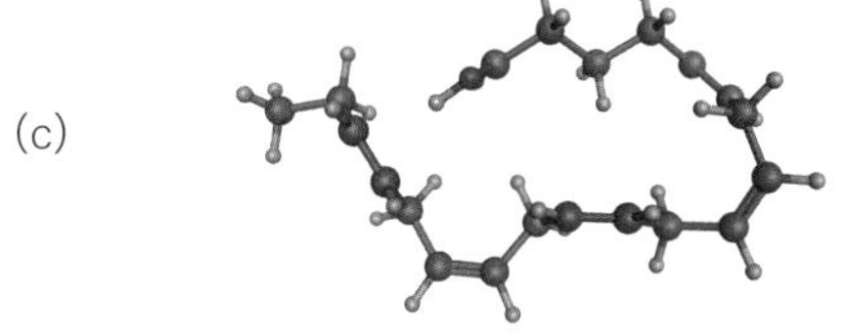

◀ラウリン酸(a)、*cis*-オレイン酸(b)およびエイコサペンタエン酸(c)の安定な立体構造。

図6-4

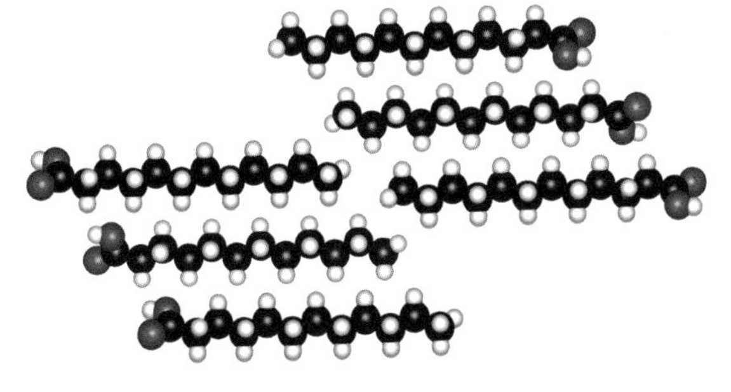

ラウリン酸の結晶構造の一部。原子は分子同士の接触の仕方を理解しやすくするためにファン・デル・ワールス球で表現してある。赤、黒および白の球は各々O、CおよびH原子を表す。

的な炭化水素鎖同士が集合します。つまりラウリン酸は分子同士が密に集合して固体になりやすい性質を持っています。

一方、*cis*-オレイン酸やエイコサペンタエン酸は分子内の二重結合の位置で折れ曲がった構造をとるため、親水基同士そして疎水基同士が分子間で規則的に相互作用することができません。従って、図6-3(b)の*cis*-オレイン酸の融点は13 ℃で液体になっています。

また分子が大きいにも関わらず、エイコサペンタエン酸は図6-3(c)に示すような立体構造を取ってしまうので、さらに分子同士がキチンと並んで集合することは難しくなります。従って、融点はより低くなり、常温でもさらさらの油になってしまいます。**分子がとる立体構造によって、分子間の相互作用に大きな違いが生じ、常温での存在状態が大きく異なるのです。**

脂肪酸は体内で酵素によって分解されてエネルギー源になるのですが、脂肪酸が塊になっていると、酵素がそれを活性部位で捉えることができなくなります。酵素が「おちょぼ口」ということではありませんが、酵素が大口を開けても塊になった脂肪酸を銜(くわ)えることはできません。飽和脂肪酸を摂り過ぎるといろいろな健康障害が出ますが*、それは飽和脂肪酸のこのような性質と密接に関係しています。

トランス脂肪酸はなぜ悪い?

バターに比較して植物油は価格が安いのですが、液体なのでパンに塗ったりできません。植物油が液体ということは、その油は不飽和脂肪酸ということです。

植物油に水素分子を添加してつくられるのがマーガリンです。植物油に含まれる主な脂肪酸は図6-5(a)のリノール酸と(b)オレイン酸です。Ni（ニッケル）などの金属（触媒）を共存しながら水素分子を反応させると、二重結合をつくるC原子にH原子が付加して、還

＊　循環器疾患（心筋梗塞、脳梗塞）などのリスクが高まる。

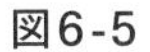

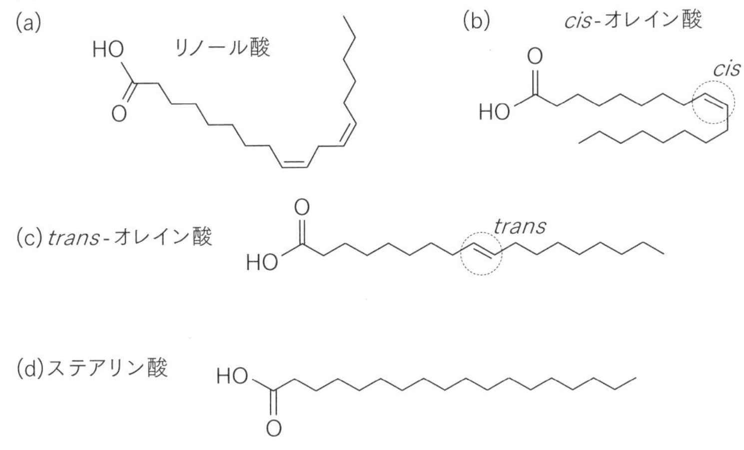

リノール酸、オレイン酸の２種類の幾何異性体およびステアリン酸の化学構造。

元することができます。この反応を水素添加反応と言います。

リノール酸の１つの二重結合が還元されるとオレイン酸ができ、オレイン酸がさらに還元されるとステアリン酸(d)になります。ステアリン酸はバターや肉に含まれる常温で固体の脂肪酸ですから、さらさらだった植物油がバターのようなねっとりした固体になります。

つまり融点が上昇します。しかし、この時に一つの問題が起こります。*cis*-オレイン酸だけではなく*trans*-オレイン酸(c)が生成してしまうのです。

その理由を次ページの図6-6に示します。

簡単のために、*cis*-オレイン酸を(a)のように表します。触媒とH_2分子により、(b)のように還元されますが、2章で述べたようにC−C単結合のまわりの回転は自由なので、ぐるっと180°回転した(c)のような構造にもなれます。実際R_1とR_2が近いと、その立体的な反発があるので、むしろ(c)の方が安定になります。そのような構造で活性化された状態が続くと、H原子が抜けて二重結合ができる反応も少し起こってしまいます。すると、(d)のような*trans*-オレイン酸が出来上がってしまいます。

cis-オレイン酸は分子が折れ曲がるために、規則的な分子間相互作用ができないので塊になれませんでしたが、*trans*-オレイン酸では分子骨格が伸びて、ちょうど飽和脂肪酸のステアリン酸のような立体構造になります。

図6-7に*trans*-オレイン酸が結晶中で集合している様子を示します。非常に密に集合することが分かります。

親水基であるカルボキシ基同士は水素結合で相互作用し、炭化水素鎖同士はファン・デル・ワールス力で強く相互作用しています。すなわち*trans*-オレイン酸はまさに飽和脂肪酸と同様の挙動をとることになります。そのためトランス脂肪酸は動脈硬化などによる心疾患を高めることが知られており、生活習慣病を防ぐための目標として、**WHOはトランス脂肪酸の摂取量を総エネルギー摂取量の1%未満にすることを勧告しています。**

実は牛などの反芻（はんすう）動物の胃の中では微生物によってトランス脂肪酸がつくられます。その結果、牛肉や乳製品には微量のトランス脂肪酸が含まれており、摂取量0にするのは困難と言えます。

食品は、自然由来であろうと人工的につくられたものであろうと、

図6-6

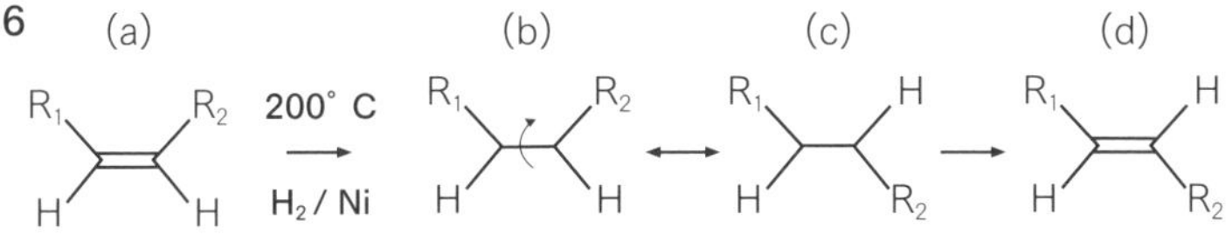

(a) R_1, R_2, H, H　$\xrightarrow[H_2 / Ni]{200° C}$　(b) R_1, R_2, H, H　↔　(c) R_1, H, H, R_2　→　(d) R_1, H, H, R_2

還元反応の過程で幾何異性体が生じる。

図6-7

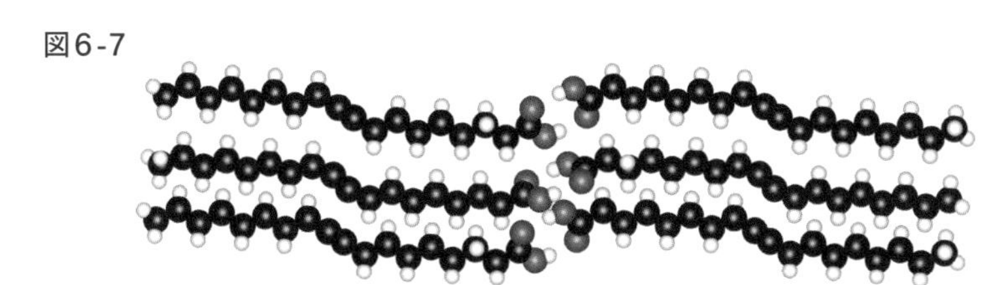

trans-オレイン酸の結晶構造の一部。原子は分子同士の接触の仕方を理解しやすくするためにファン・デル・ワールス球で表現してある。赤、黒および白の球は各々O、CおよびH原子を表す。

すべて化学物質です。それらの化学物質は、必ずしもすべての人にとって有用ではありません。ある種の化学物質に対してアレルギーのあることが分かっている人達はもちろんのこと、今まで何も不都合を感じなかった人達も日常的に摂取している食品の化学物質としての性質を時々チェックしてみることが必要と思います。

その際、**化学構造式はその化学物質の性格を推定する上で非常に有用です。**化学構造式は、化学者が苦心の末、その化学物質の性格を一目で正確に分かるようにするために編み出した言わばシンボルであり、そこにはその分子の化学的性質が集約して表示されています。

化学を学ぶ理由は、試験に合格するためだけでなく、その考え方と知識を私達の日常や人生におけるさまざまな判断に生かして、命の質を高めるためです。

Case 2
「日焼け止め」の働き

化粧品や一般にパーソナル・ケアと呼ばれている製品は、すべて化学物質でつくられています。従って、私達がそれらを活用する時には、それらが化学物質であることを十分に認識して扱うべきです。ここでは、地球温暖化に伴い、最近さらにその重要性が増してきている、「日焼け止め」について、化学の観点からお話しすることにします。

光はどうやって吸収されるのか

太陽からの光は電磁波です。現代社会では、光だけでなく、通信をはじめいろいろな目的に電磁波が使われています。電磁波とは、電界(電場)と磁界(磁場)が相互に作用しながら空間を伝播(でんぱ)する波のことで、波長領域によって性質が異なるため、さまざまな名前で呼ばれています。携帯電話等の通信には、波長がmmから50 cmほどであるマイクロ波というものが使われています。図6-8に主な電磁波の名前と波長領域を示しました。

電磁波(以下光と呼びます)は物質と相互作用します。どんなものでも太陽光に晒(さら)されると退色したり、劣化しますが、これはすべて太陽光がその物質に作用して、変性してしまうからです。

光は、物質を構成する原子や分子中の電子と相互作用します。**また、電子の登場です。**つまり原子や分子中の電子の状態が光と相互作用する上で重要です。

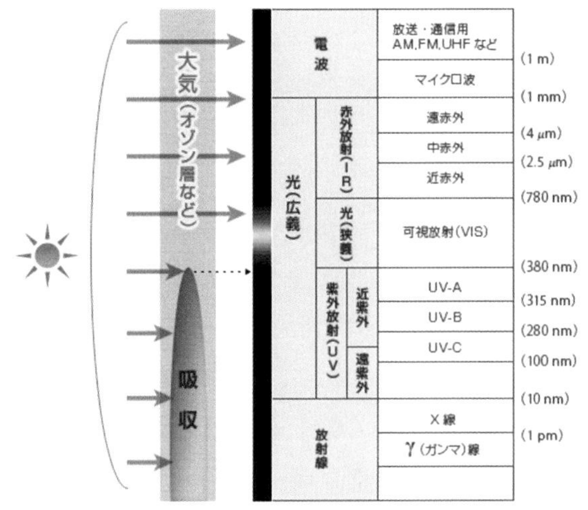

電磁波の波長領域と名前。

ここでは分子について考えてみましょう。

分子の中には電子が流れていますが、通常は最も安定な状態にあります。これを**基底状態**と言います。基底状態にある電子が光のエネルギーを吸収すると、エネルギーの高い状態になります。これを**励起状態**と言います。基底状態と励起状態は分子によって決まっています。

つまり、吸収できるエネルギーは分子によって決まっています。光のエネルギーはその波長で表すことができ、波長が短い光（電磁波）ほどエネルギーは高くなります。波長が短い紫外線は可視光線*より高いエネルギーを持っています。さらに**この電磁波は私達生物に吸収されやすいので、生命活動にも大きな影響を与えます。**

さて、吸収される光と分子中の電子の状態との関係について見て

＊　ヒトの目が感じることができる光。

みましょう。

図6-9に二重結合と単結合が交互に並んだ8種類の分子の構造とそれらの分子によって最も強く吸収される光の波長(nm)を示します。

分子によって吸収される光の波長分布の計算値は図6-10のようになります。縦軸が光の吸収の強さを表します。図6-9で示した数字は吸収率（吸光度）が最も大きい波長を示します。計算値はほぼ実験結果と合います。図6-9から、交互に並ぶ2重結合の数が多くなるほど最大吸収波長が長くなることが分かります。

別の言い方をすると**電子が自由に動ける空間が広がるほど、波長が長くなります。**自由に動ける電子は2章で述べたように、π電子であり、単結合と二重結合が交互に存在してπ電子が自由に流れている領域を**共役π電子系**と言います。共役π電子系は基本的に電磁波を吸収しますが、共役π電子系の大きさと性質によって、吸収する電磁波の波長領域は変わります。

ブタジエンが吸収する光は紫外線の領域ですが、イコサデカエンでは、青の可視光線を吸収します。従って、太陽光下で見るとイコサデカエンは、吸収されない色の成分（補色）によって黄緑に見えることになります。

ベンゼンと複数のベンゼン環が縮環した6種類の分子の吸光度最大の吸収波長とそれらの分子が示す色を図6-11に示します。π電子の動ける範囲が広くなるほど、長波長の光を吸収するようになることが分かります。

図6-9

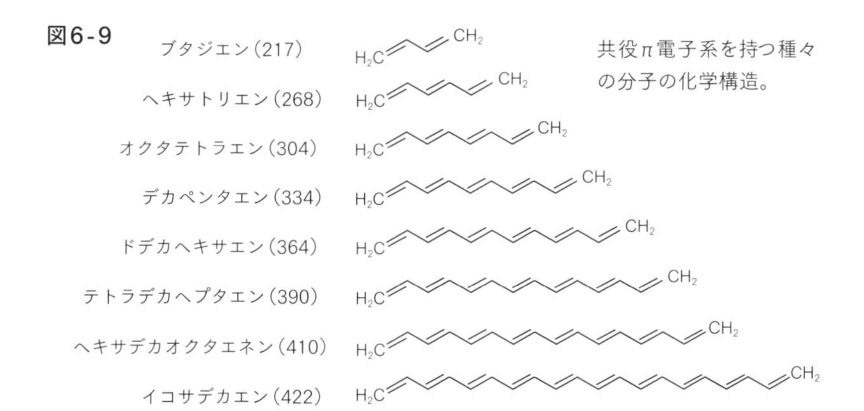

共役π電子系を持つ種々の分子の化学構造。

図6-10

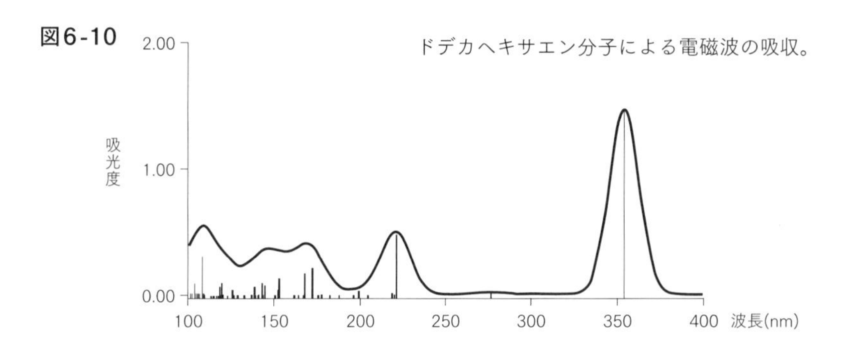

ドデカヘキサエン分子による電磁波の吸収。

図6-11

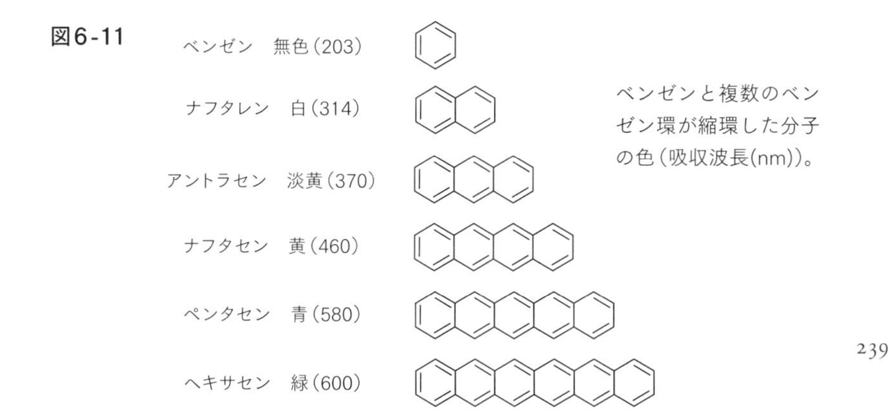

ベンゼンと複数のベンゼン環が縮環した分子の色(吸収波長(nm))。

日焼けの原因とは

さて、日焼けの原因は太陽光に含まれる紫外線です。紫外線を波長の長い方（エネルギーの低い方）からUV-A、UV-BそしてUV-Cと通常分類します。UV-Cは波長が短いという点では最も危険ですが、幸い成層圏にあるオゾン層で吸収されてしまうために地上には届きません。**地上に届くのはUV-AとUV-Bで、特に波長が短いUV-Bが日焼けの主な原因で、皮膚がんや白内障の発症との関連性が指摘されています。**一方、UV-Aは老化としわの原因とされていますが、皮膚がん発症にも少なからず関係することも指摘されています。

近年、地球上に降り注ぐ紫外線量が増えています。

図6-12に気象庁が発表している、1990年以降の紅斑（こうはん）紫外線量の経年変化を示します。紅斑紫外線量とは、人体に及ぼす影響を示すために、波長によって異なる影響度を考慮して算出した紫外線量です。この30年間で15％以上も増加しています。従って、適切な紫外線対策をすることが推奨されています。

紫外線対策として広く使用されているのが、いわゆる「日焼け止め」製品です。「日焼け止め」の効果を示す指数にはSPF（Sun Protection Factor）とPA (Protection Grade of UV-A) があります。前者はUV-Bの防御効果で2-50そして50以上の場合は50＋と表示され、値が大きいほど防御効果は高くなります。同様にPAはUV-Aの防御効果を表す指数で、＋から＋＋＋＋までの4段階で強さが表示されます。

SPFだけでなく、PAも高い値を持つ製品の方が日焼け止め効果

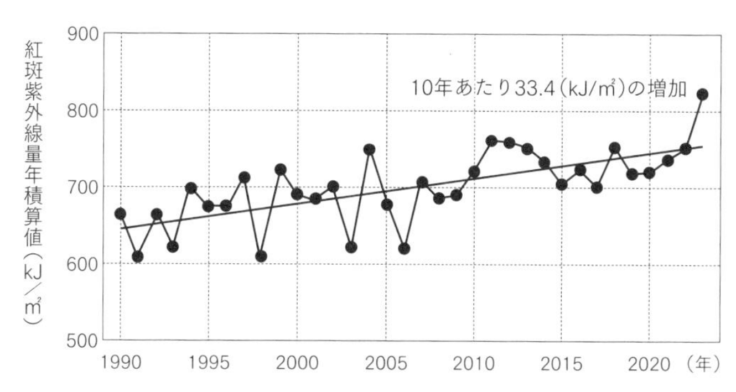

紫外線量は年々増加している。（出典：気象庁／更新2024.3.28）

は強くなりますが、その分肌に対する影響も強くなりますので、状況に応じた製品の選択が必要です。SPFやPAは健康な人の協力を得て、実際に測定された値です。

例えばUV-Bを皮膚に当てると赤くなります。これを紅斑と言います。紅斑を生じる最小の紫外線の量をMED（最小紅斑量:minimum erythema dose）とした時、SPF値は次の式で求めます。

> **SPF＝（日焼け止めを塗った皮膚のMED）/（何も塗らなかった皮膚のMED）**

PAも同様にして求められます。

やや野蛮な感じがするかも知れませんが、人間に対する影響を調べるためには、人間で試さざるを得ません。話はそれますが、動物や人間を使ったこのような試験をコンピュータによるシミュレーションで可能な限り置き換えようという動きはあります。

日焼け止めに使われる分子とは

さて、「日焼け止め」に含まれている日焼け止め効果を示す物質は大きく分けて2つあります。1つが**有機分子系**で、もう1つが**無機物質系**です。

まず有機分子系の物質についてお話しします。

図6-13にSPF50+でPA++++の効果を謳(うた)ったある製品中に含まれる紫外線を吸収する5種類の分子の化学構造を示します。この製品ではUV-Bを強く吸収する3種類の分子とUV-Aを強く吸収する2種類の分子を混合することで、UV-AからUV-Bまでの幅広い紫外線を吸収して、先の防御指数を達成しています。

各分子の化学構造に共通することは、かなり大きな共役π電子系を持つことです。

改めて、図6-14で、代表的な紫外線防御分子であるメトキシケイヒ酸エチルヘキシルの分子の特徴を見てみましょう。分子左側のO原子から始まり分子中央のO原子まで、広い範囲にπ電子が非局在化していることが分かります。O原子の非共有電子対ももちろん電子の非局在化に寄与しています。かなり荒っぽく見積もってみましょう。最短8本の結合に電子が非局在しています。図6-9のオクタテトラエンとデカペンタエンの間の数です。

メトキシケイヒ酸エチルヘキシルの最大紫外線吸光度を与える波長が310 nmですから、だいたいオクタテトラエンとデカペンタエンの最大吸光波長の間にきます。電子が非局在化する結合の長さ(空間)と波長とがほぼ相関することが分かります。

実際、相関しています。メトキシケイヒ酸エチルヘキシルはこの

図6-13

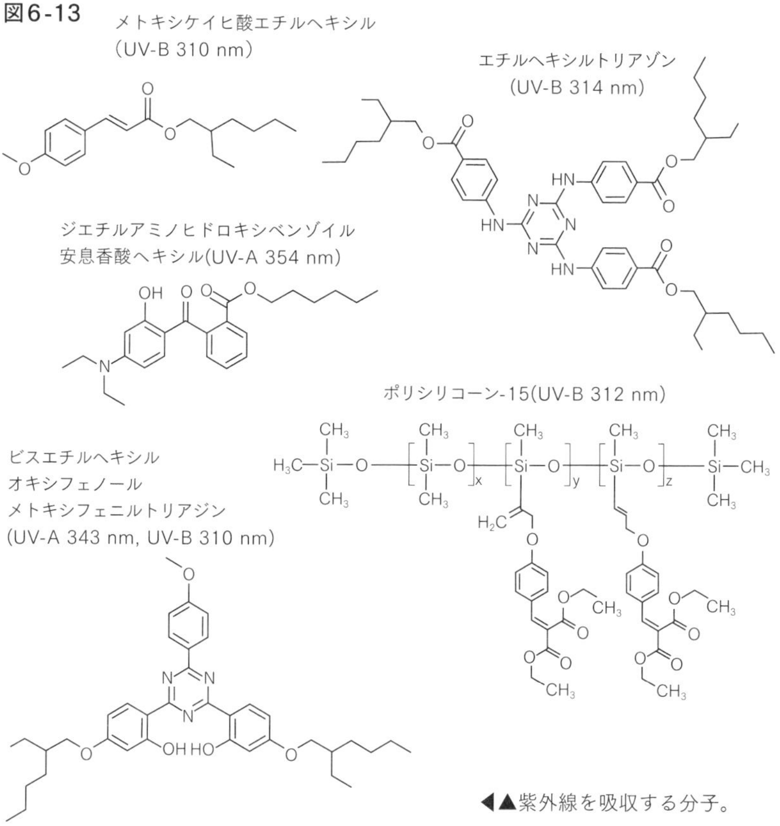

メトキシケイヒ酸エチルヘキシル
（UV-B 310 nm）

エチルヘキシルトリアゾン
（UV-B 314 nm）

ジエチルアミノヒドロキシベンゾイル
安息香酸ヘキシル(UV-A 354 nm)

ポリシリコーン-15(UV-B 312 nm)

ビスエチルヘキシル
オキシフェノール
メトキシフェニルトリアジン
(UV-A 343 nm, UV-B 310 nm)

◀▲紫外線を吸収する分子。

図6-14

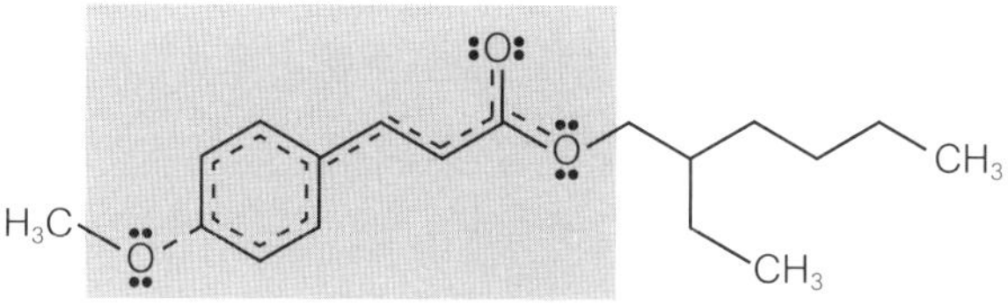

◀メトキシケイヒ酸エチルヘキシルの分子中の電子の流れ。

π電子共役系でUV-Bを吸収します。

それでは、分子の右側の部分はどうして必要なのでしょうか？右側部分は炭化水素です。3章で学んだように、炭化水素は水に溶けず、油に溶ける性質を持っています。「日焼け止め」を十分長い間、皮膚にとめておくためには、汗で流れては困ります。汗で流れないように（水溶性を低下するために）するために、この炭化水素部分は必要なのです。一方、油に溶けやすいということは、皮膚からこの化学物質は吸収され、血液の中に入る可能性のあることを示します。この懸念はもちろんあるので、「日焼け止め」をつくっている企業では、その影響を厳しく検査しています。

このように分子の中の原子団の性質が理解できると、それらを任意に組み合わせて、好みの性質を持った分子を新たにつくり上げることができます。**化学の最も素晴らしい実用的価値がここにあります。**メトキシケイヒ酸エチルヘキシルももちろん、化学の知識を最大限に活用して創製された分子です。自然界にはこれと同じ分子はありません。

説明は省きますが、図6-13に示した他の4化合物も同様のメカニズムで「日焼け止め」として働いています。理想的には1つの化合物で、危険な紫外線全域を吸収できれば良いのですが、それが難しいので、高機能を謳う「日焼け止め」には、このように複数の化合物が含まれ、結果的に幅の広い波長領域をカバーします。

また紫外線によってこれら吸収分子は変化（分解も含め）するので、それを防ぎ全体としての「日焼け止め」効果を上げる目的で別の紫外線吸収分子が含まれる場合もあります。

紫外線を吸収した分子はどうなるのでしょうか？

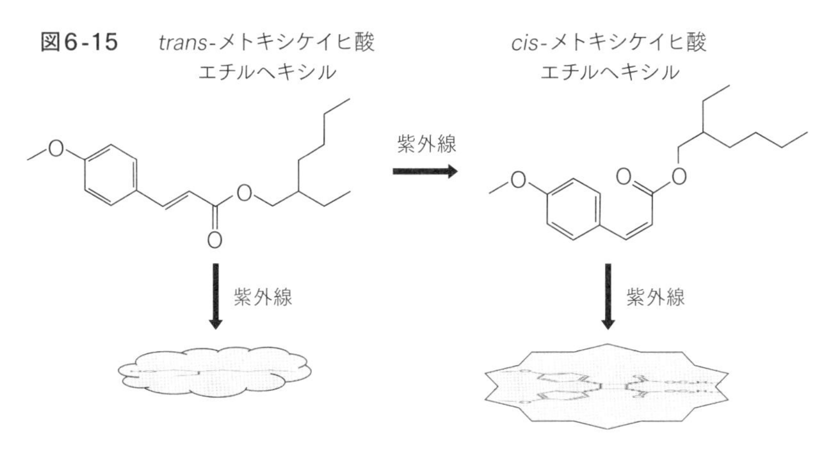

メトキシケイヒ酸エチルヘキシル分子の紫外線による変化および分解。

1つの例として、メトキシケイヒ酸エチルヘキシルの場合について説明します。図6-15に示すように、メトキシケイヒ酸エチルヘキシルはトランス構造を通常とります。**分子内の原子同士のぶつかりが少ないので、トランス構造の方がシス構造より安定だからです。**ところが、紫外線を吸収して、励起された状態になると、トランスからシス構造への変化が起こります。しかし、シス構造は安定でなく、この構造がさらに変化して、分子構造が変化していきます。またシス体を経ない、光による分解もあるようです。

残念ながら光（紫外線）によって一体どのような分子がメトキシケイヒ酸エチルヘキシルを出発点として生成し得るのかについての詳しい報告はないようです。一般に、環境（私達自身も含め）に放出された化学物質が一体どのような運命をたどるかについての研究は非常に少ないのが現状です。

そうした研究は、研究者にとっては新規性が少ないので魅力的ではなく、化学物質の生産者にとっては直接利益につながらないので余計な仕事になります。そうした中、利用者であり、もし問題が起こった場合には真っ先に被害者にもなり得る利用者は、残念ながら自己責任でこれらの製品の選択と購入をせざるを得ないのが現状です。

「日焼け止め」に含まれる成分の内、少なくとも、メトキシケイヒ酸エチルヘキシルは長い間、「日焼け止め」に使われ、その安全性は確認されていますが、すべての成分について確認されている訳ではありません。例えば実際に使われていても、オクトクリレンやアボベンゾン等、安全性が十分に確認されていない成分もあります。

「日焼け止め」に限らず、化学物質を含む製品は、できたら含まれる成分について十分チェックしてから購入するようにすべきと思います。特に、アレルギー等のある人で、**アレルギーを起こす原因分子の化学構造が分かっている場合には、その分子と類似した構造を持つ化合物は要注意です。**

次に、無機物質系の紫外線防御物質についてお話しします。

この範疇（はんちゅう）にある物質のレパートリーは少なく、主に酸化亜鉛と二酸化チタンです。酸化亜鉛や二酸化チタンは、無機化合物であり、基本的にそれらの粉末（固体）を利用します。

最近ではナノ技術により、粉末の粒子の大きさを非常に小さくできますが、原子はずっと小さいので、通常は非常にたくさんの原子が粒子の中に存在します。これらの無機化合物も原子でできていますので、電子が原子同士を結びつけて固体状態になっています。

有機化合物中の電子と同じで、それらの電子は基本的に移動したいという欲求を持っています。紫外線などの電磁波は電子によって

図6-16

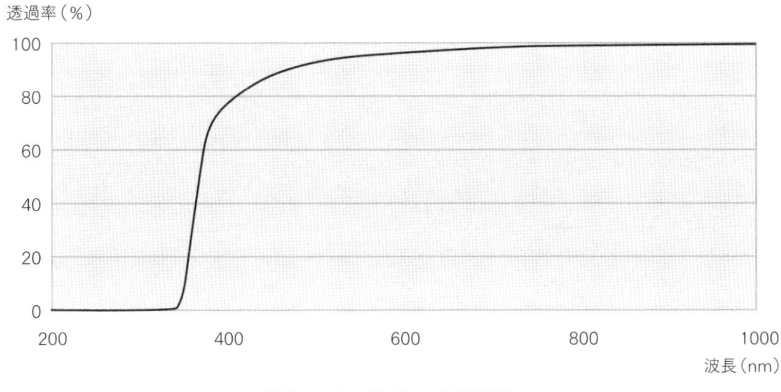

二酸化チタン粒子の光透過性。

吸収されます。電磁波のエネルギーを吸収した電子の動きはより活発になり、物質の中を流れたり、別の物質と相互作用（反応）したりすることができます。

無機化合物を構成する原子の種類やそれらがつくる構造によって、紫外線の吸収の仕方や電子の流動性が大きく異なります。二酸化チタンの粒子に紫外線から可視光線を当て、透過する光の量を測定すると図6-16のようになります。

二酸化チタンはUV-BからUV-Aの領域にまたがる280-350 nmの紫外線をほとんど吸収してしまいます。同様に、酸化亜鉛の粒子もUV-BからUV-Aの領域にまたがる280-390 nmの紫外線を良好に吸収します。

つまり、酸化亜鉛と二酸化チタンはUV-BからUV-Aの紫外線を吸収してくれるのです。「日焼け止め」にとっては望ましい性質を持っていることになります。

それでは、吸収した紫外線のエネルギーはどこに行くのでしょうか？そのエネルギーは少なくとも電子の動きを活性化します。自由に動き回れる電子は実は色々と厄介なことを引き起こします。例えば二酸化チタンの表面にまで動いてきた自由な電子が空気中のO_2分子に作用すると、どうなるでしょうか？

図6-17に示すように**スーパーオキシド**になります。

スーパーオキシドはさらに電子が与えられたり、生体内の水分子と反応することでいわゆる**活性酸素種**である過酸化水素およびヒドロキシル・ラジカルを生成してしまいます。

スーパーオキシドを含むこれらの活性酸素種は、老化、がん、糖尿病、高血圧といった生活習慣病をはじめとして数多くの疾病に深く関わっているだけでなく、生体内の情報（シグナル）伝達や免疫機構において重要な生理機能を担っていることが明らかにされています。もちろん「日焼け止め」を塗って、がんになってしまったらたいへんです。

そこで、「日焼け止め」に使う場合には、シリカやシリコーンなどで表面処理をして、電子が粒子の外に出ないような工夫がされています。

有機化合物系の「日焼け止め」成分は、幅広い特性を持つ化合物を創製でき、かつ肌になじむということから魅力的ですが、条件次第で、その成分自身やその分解物が皮膚から吸収される可能性を完全に否定できません。分解物を含め皮膚からの吸収の機会は使用時間に比例するはずですから、可能な限り塗布している時間を短くする方がリスクは減らせるはずです。

また、たくさんの紫外線を浴びれば、「日焼け止め」成分の分解

図6-17

$$e^- + O_2 \rightarrow O_2^{-\bullet}$$ （スーパーオキシド）

⇓ H_2O, e^-

H_2O_2 （過酸化水素）

⇓ e^-

$OH^{-\bullet}$ （ヒドロキシル・ラジカル）

⇓ e^-

H_2O

自由な電子が酸素分子に作用すると、種々の活性酸素を発生する。

も多くなるので、その状態で放置せず洗い流す方が無難であるはずです。その際、先に述べたように有機化合物系の成分は水に溶けにくいので、油を落とせる石けんなどを使用する必要があります。

一方、無機化合物系の「日焼け止め」成分は、その成分自身や分解物が皮膚から吸収される可能性が低く、ラジカル発生の潜在的な危険性への対策がとられていることから、安全性が高いという意見もあります。酸化亜鉛や二酸化チタンの効果は、紫外線を反射することによるという説明がされていることがありますが、これは正しくありません。金属光沢があるので、そのような誤解が生まれたものと思いますが、酸化亜鉛より反射率の高い二酸化チタンでも、UV-B領域での反射率は50%に達しません。

無機化合物系の「日焼け止め」成分も、紫外線を吸収することで、紫外線防御効果を発揮します。

Case 3
混ぜてはいけない化学製品

すでに述べたように、私達が生きていること自体が化学反応の結果です。普段暮らしている中では、化学実験のデモンストレーションのように派手な化学反応が起こっているのを目にすることはまずありませんが、私達の生活の中でもたくさんの化学反応が起こっています。また私達はその反応を利用しています。

つまり、**私達は実験室にいる訳ではありませんが、日常的に化学反応の現場にいるとも言えます。**従って、私達が化学を学ぶ理由は、単に博物学的な知識を得るためではなく、私達が健康で、快適かつ安全に暮らすための行動をしたり判断をするための言わば実用的な知識を得るためです。

私達はたくさんの化学製品を日常的に使っています。それらを正しく使うことは個人の判断に任されています。つまり私達はそれらの製品の特長を知って正しく使用する必要があります。本来、そのために必要な知識が理科で教えられるべきですが、大半の人は学校を卒業するとほとんど忘れてしまいます。**正しく使わないと化学製品は、私達に益をもたらすどころか害をもたらします。**場合によっては大きな災害に発展することすらあります。この節では、身近にある化学製品の使い方に潜む危険性の例をいくつか示します。

ベーキング・パウダーと酸

危険はまったくありませんが、ベーキング・パウダーと食用酢を

図6-18

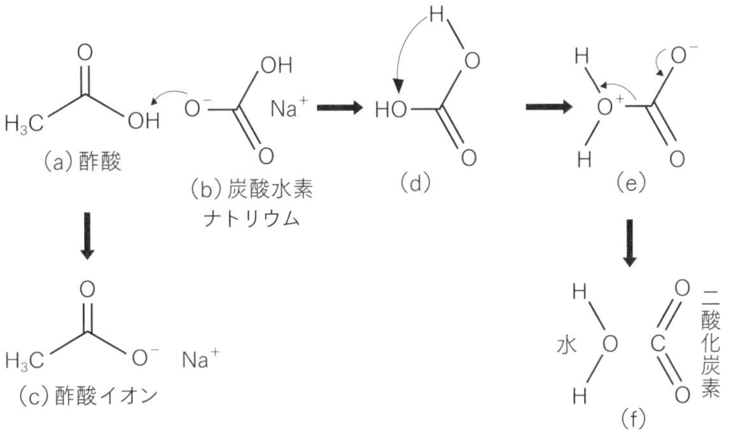

(a) 酢酸
(b) 炭酸水素ナトリウム
(c) 酢酸イオン
(d)
(e)
(f)
水
二酸化炭素

酢酸と炭酸水素ナトリウムの反応。

混ぜたら、どうなるでしょうか？ベーキング・パウダーの役割はパンやお菓子を「ふんわり」とした焼き上がりにすることで、その効果を発揮するのが、炭酸水素ナトリウム（図6-18(b)）です。

水溶液中では、炭酸水素イオン（HCO_3^-）とナトリウム・イオン(Na^+)になっています。化学式では$NaHCO_3$です。食用酢の酢の成分は酢酸（図6-18(a)）です。

炭酸水素ナトリウムの粉末（固体）と酢酸を混合すると、炭酸水素イオンのO原子上の電子が、酢酸イオンのH原子を図のように攻撃し、酢酸は酢酸イオンになります。炭酸水素イオンは酢酸からのH原子を得て(d)になり、(e)のように分子内で電子が動き、最終的に(f)に示す水と二酸化炭になります。

つまりこの反応では二酸化炭素の気体が発生します。この反応は酢酸でなくても起こります。例えば、レモンジュースをベーキング・パウダーにかければ、二酸化炭素の気体が発生して、泡立ちます。つまりベーキング・パウダーを加える順番を間違えると、ベーキング・パウダーの用をなさなくなるということです。

塩素系漂白剤の危険性

笑って済ますことはできないかも知れませんが、ベーキング・パウダーの場合には特に健康被害が出る訳ではありません。しかし、組合せによっては、笑って済ますことができないことも起こり得ます。

その１つが塩素系漂白剤と他の化学物質の混合です。塩素系漂白剤に使用されている代表的な化合物は、次亜塩素酸ナトリウムです。

アンモニアは染み抜き等に使うこともあるので、洗濯用の物品が入っている戸棚に置かれていることも少なくないでしょう。もし、この二つの化学物質が混合したら、何が起こるでしょうか？

アンモニアで染み抜きをした直後に洗浄せずに、塩素系漂白剤を使うという場合があるかも知れません。

図6-19(a)に示すように、次亜塩素酸ナトリウムを水に溶かすと、次亜塩素酸イオンができます。水中では(b)に示すように次亜塩素酸になります。実は次亜塩素酸が漂白作用を持ちます。次亜塩素酸のCl原子上の電子はO原子に引っ張られるので（O原子の方が電気陰性度が大きい）、Cl原子は(c)のように少しプラス（$\delta+$）になります。このCl原子をアンモニア分子のN原子上の非共有電子対が攻撃し、引き抜きます。その結果(d)のようにヒドロキシ・イオン(HO^-)が生じ、そのO原子の非共有電子対がH原子を攻撃して引

図6-19

(a) $NaOCl \longrightarrow Na^{+} + {:}\ddot{\underset{..}{O}}^{-}{-}Cl$

次亜塩素酸ナトリウム　　次亜塩素酸イオン

(b) ${:}\ddot{\underset{..}{O}}^{-}{-}Cl + H^{+} \longrightarrow H{-}\ddot{\underset{..}{O}}{-}Cl$

次亜塩素酸

(c) $H{-}\overset{\delta-}{O}{-}\overset{\delta+}{Cl} + {:}NH_3$

次亜塩素酸ナトリウムはアンモニアがあるとモノクロラミンを生じる。

↓

(d) $H{-}\ddot{\underset{..}{O}}^{-}$　　$Cl{-}N^{+}H_3$

↓

(e) $H{-}O{-}H + Cl{-}NH_2$　モノクロラミン

き抜くと、(e)のように水分子とモノクロラミンが生じます。**このモノクロラミンが曲者です**。モノクロラミンは塩素の代わりに低濃度で水道水に加えられ、消毒に使われます。低濃度の場合は良いのですが、濃度が高くなると眼、皮膚および気道を重度に刺激し、喘息を引き起こすことがあります。

次亜塩素酸ナトリウムは水泳プールの消毒に使われますが、あのプールの塩素臭は次亜塩素酸ナトリウム自身の臭いではなく、入泳者の汗や尿に含まれるアンモニアが反応して生じるモノクロラミンによるものとされています。濃度は低いのですが、プロの水泳選手やプールの職員に実際に喘息などの健康被害が出ているという指摘もあります。大きなプールで、濃度が低い状態でもこの騒ぎになるのですから、塩素系漂白剤とアンモニア水をまともに混合すれば、多量のモノクロラミンが生じ、とても危険です。死ぬ可能性すらありますので、**絶対に混ぜることは避けるべきです。**

塩素系の漂白剤はアンモニアだけでなく、酸やアルコールとも反応し、有毒な化合物を生じます。便利な漂白剤ですが、十分注意して使う必要があります。

アルミニウムは強くない

洗剤を入れたアルミ缶が駅構内で破裂して怪我人が出た事故がありました。アルミ缶は丈夫なように見え、また最近ではスクリュー・キャップのついた物があり、液体を運ぶのに便利です。

また、塩酸のような強い酸には金属は弱いという認識を多くの人達が持っているようですが、家庭で日常的に使う洗剤に対する警戒心はかなり少ないようです。一方、最近では強力な業務用の洗剤も普通の人が手に入れて使うことができます。そうした洗剤には水酸化ナトリウムまたは水酸化カリウムが含まれています。これらの水溶液は強いアルカリ性（塩基性）を示します。

強いアルカリ性物質の代表である水酸化ナトリウム水溶液とアルミニウムの化学反応を図6-20(a)に示します。固体(s)のアルミニウムが水酸化ナトリウム水溶液(aq)と反応すると、テトラヒドロキシドアルミン酸ナトリウム($Na[Al(OH)_4]$)になると同時に水素ガス(H_2)を発生します。テトラヒドロキシドアルミン酸ナトリウムの構造は(d)に示すようです。

さて、問題は発生する水素ガスです。この反応を進めるには外気から空気など取り込む必要がないので、反応は密閉された容器の中

図6-20 (*s*)＝固体 (*aq*)＝水溶液 (*g*)＝気体

(a) $2Al(s) + 2NaOH(aq) + 6H_2O(l) \rightarrow 2Na[Al(OH)_4](aq) + 3H_2(g)$

(b) $2Al(s) + 2KOH(aq) + 6H_2O(l) \rightarrow 2K[Al(OH)_4](aq) + 3H_2(g)$

(c) $2Al(s) + 6HCl(aq) \rightarrow 2AlCl_3(aq) + 3H_2(g)$

(d)

$Na^+ [Al(OH)_4]^-$

強塩基および強酸とアルミニウムの反応。

でどんどん進みます。この反応はエントロピー的にも、エンタルピー的にも容易に起こります。つまり**反応の自由エネルギー変化の符号はマイナスで、その絶対値も大きく、かなり発熱します。**発生する熱はさらに反応を加速します。従って、爆発的に反応は進みます。その結果、密閉容器内の圧力は急激に上昇し、容器が耐えられなくなった瞬間に破裂します。当然、水素ガスも一気に外に出ますので、万一そばに直火があれば、水素ガスに引火して爆発します。

強いアルカリ性洗剤には水酸化カリウム(KOH)も使われますが、(b)に示すように、まったく同じ反応をして、水素ガスを発生します。すなわち、**アルカリ性の洗剤をアルミニウムの容器に入れること自体が厳禁ということです。**ましてや、容器に入れたものを持ち運んだり(振動を与えるので)、温めでもすれば、容易に破裂・爆発事故につながります。さらに未反応の強アルカリが破裂で飛び散り、目や皮膚に触れれば、ひどい炎症や火傷も起こします。こうした事故は、使用者に化学知識があれば十分防ぐことができます。知的好奇心を単に満足させるためだけの知識ではなく、日常的に接する可能性の高い化学物質を扱う上で必要な最低限の化学的判断が行えるような教育を中等教育までに行うべきだと私は思います。

(c)に示すように、アルミニウムは酸(この場合は塩酸)とも反応して、やはり水素ガスを発生します。トイレ用洗浄剤の中には塩酸を含むものがあり、これらの洗浄剤によってもアルミニウムは溶け、水素ガスを発生します。トイレ用洗浄剤をアルミ缶に小分けにすることはないでしょうが、この洗浄剤がアルミニウムと接触することのないように保管には十分気を付ける必要があります。

この章では、「混ぜてはいけない」例のほんの一部について述べました。病気治療のための医薬品をはじめ、一般家庭内にはさまざまな化学物質があります。**それらは基本的に独立に使われることを念頭につくられています。**それらを混合または同時に使う時にはそれらの化学物質の相互作用を十分考慮してから慎重に行うべきです。自分の化学知識だけでは判断がつかない場合には、迷わずそうした製品を売っている店のスタッフや医師あるいは化学者に相談すべきです。また最低限の判断を適切に行う上でも、基礎的な化学知識を習得し、適当な間隔でアップデートすることが、現代社会では個々人に求められていると思います。

☑ **私達の身近にはたくさんの化学物質があり、日常生活を便利にするために使われる。しかし、それらの化学物質の働きを十分に知らないと、私達の役に立つどころか、むしろ害になってしまうことすらあります。本書で述べられている化学の概念を理解すれば、これらの化学物質の働きが理解でき、それらを賢く使いこなすことができるようになります。**

巻末解説

化学構造式の見方

本書ではさまざまな化学構造式が登場します。これは分子の単なる符丁ではなく、一見してその性質まで示すシンボルです。化学者はそうした情報を失わず、かつ簡明に分子を表現する方法を色々と工夫してきました。

化学構造式の色々

例

エチルアルコール
(エタノール)

次の5種類の表現方法があります。

(a)

CH_3CH_2OH

結合を棒(—)で表さず、この分子に含まれる原子の種類と数を表現します。

(b)

Et — OH

この分子がアルコールであることを強調した式。アルコールの性質はヒドロキシ(OH)基による。Etはエチルアルコール(Et=ethyl alcohol)であることを表します。メチルアルコール(methyl alcohol)であれば、Me−OHになります。

(c)

H_3C — CH_2
\
OH

C原子間の結合を棒(—)で示した式。

(d)

```
     H   H
     |   |
H —  C — C — OH
     |   |
     H   H
```

すべての共有結合を棒(—)で示した式。書くのが面倒で場所も取るため、特別な目的がない限り使われません。

(e)

OH

C原子もH原子も示さずC−C間の共有結合の棒(—)とOH基を示した式。化学者が最も頻繁に使う表記法。この分子の特徴を示し、なお簡潔だからです。

分子の立体構造を表す

例／セリン（アミノ酸の1種）

H
H_2N — C — C_α
O
H_2C
OH
OH

分子は、3次元的にどのような形をしているかが大事です。私達の体内で働くセリンはL型であり、上の構造では、その対掌体と区別できないため、右のように表現して区別します。

L-セリン

H
H_2N — C — C_α
O
OH
H_2C
OH

［立体構造図］

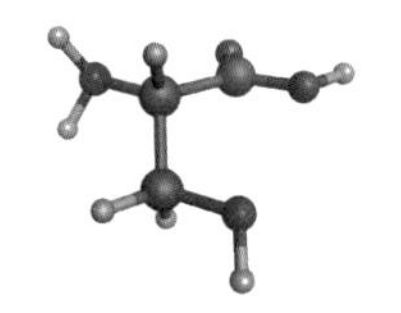

黒い楔形の結合は、この結合が紙面の手前の方向に向くことを表します。

D-セリン（L-セリンの対掌体）

H
H_2N — C — C_α
O
OH
H_2C
OH

［立体構造図］

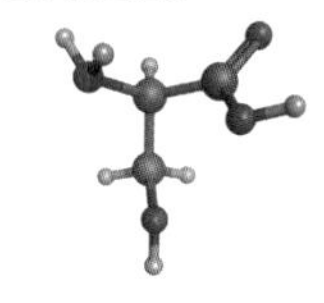

C-H結合が破線で表現されています。結合が紙面の下方向に向くことを表します。

補足

L-セリンの簡略化した式と立体構造図

ファン・デル・ワールス半径で描いた図

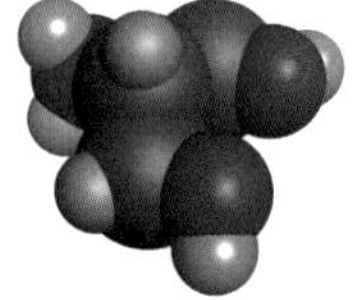

L-セリンの大部分のCおよびH原子を省略すると、上の左図のようにすっきりした化学構造式が書けます。また分子の立体感をもっと分かりやすく表すためには、上の中央の図のように、立体的な棒で3次元的な結合関係を表現することもよく使われます。さらに、分子全体の立体的な大きさを表現したい場合には、各原子をファン・デル・ワールス半径の球で描いた上の右図が用いられます。この図では手前の原子以外は見えなくなってしまいますが、分子が空間に占める体積を表現できます。

前ページで説明した図の簡略化について、さらに説明します。

(a) (b) (c) (d)

ベンゼン環(p.82)は丁寧に描くと**(a)**のようになりますが、C-H結合の棒を省くと、**(b)**のように少し見やすくなります。さらに、(a)のような構造を取ることが明らかである場合、あえてCやHを表示する必要もないので、**(c)**というすっきりした表現をするのが一般的です。実は、C原子間の結合はπ電子の非局在化により、実質的に1.5重結合であり、それを明示的に示したい場合には、**(d)**のような化学構造式が好んで使われます。化学構造式の書き方は、審美的にどうのではなく、化学的な情報をどれだけ伝えるかによって使い分けられています。

タンパク質の立体構造ー1

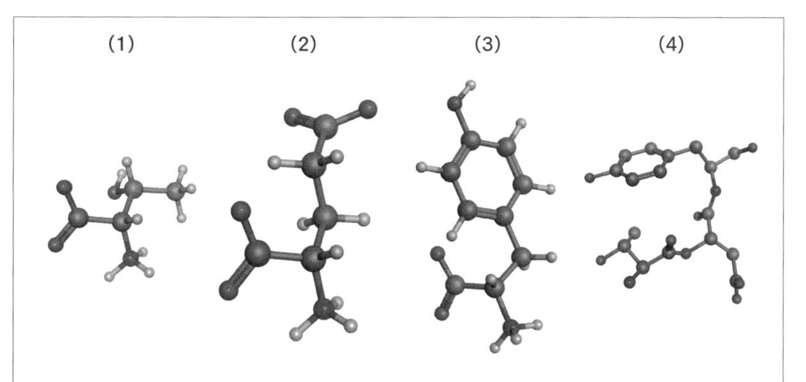

タンパク質はアミノ酸がペプチド結合で結合したものです。**(1)**、**(2)**および**(3)**にそれぞれスレオニン、グルタミン酸そしてチロシンの立体構造を示します。それらが結合すると**(4)**のようなペプチドができます。このようにアミノ酸が100個以上結合してできるのがタンパク質です。

タンパク質の立体構造ー2

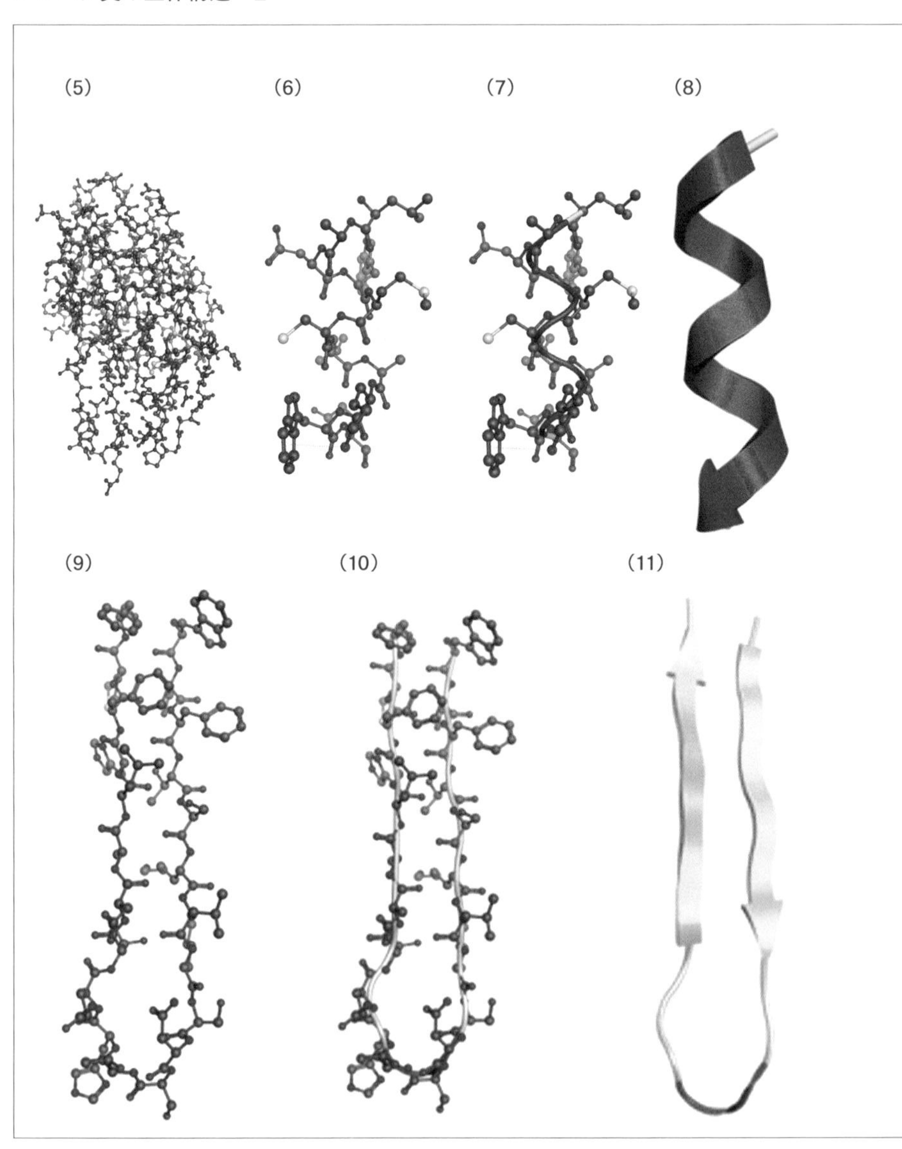

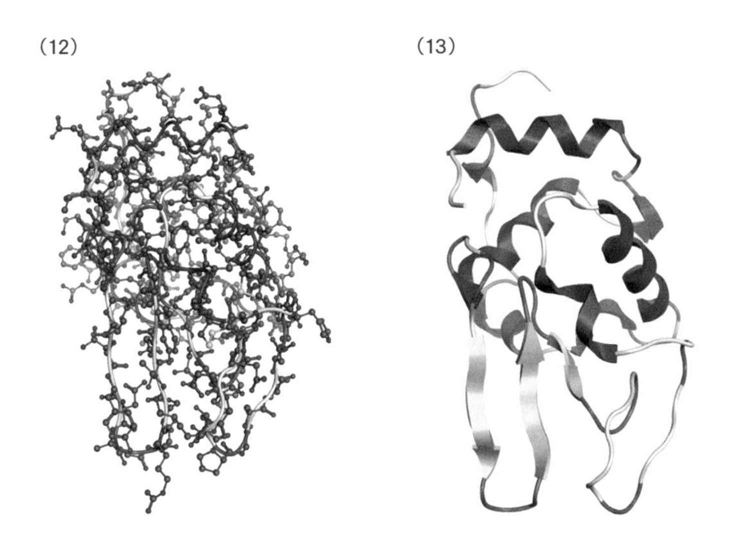

130個あまりのアミノ酸が結合してできているリゾチームという酵素を**(5)**に示します。アミノ酸を棒と球で表すと非常に複雑になるので、リゾチーム全体の構造的な特徴が分からなくなってしまいます。実はタンパク質の中の特定の部分は規則的な立体構造をとることが知られています。その1つがα－ヘリックスという、らせん状の構造です。(5)のある領域を**(6)**に示します。この部分では**(7)**に示すチューブでトレースするような、らせん構造の流れがあります。このらせん構造の流れのみを取り出し、模式で表すと**(8)**のようになります。これをリボン構造と言います。分子の立体構造の特徴を知りたい場合には、(6)で表現するより(8)で表現した方がずっと見通しが良くなります。
同様に**(9)**に示すようなアミノ酸の立体的な流れがタンパク質中にあります。これらのアミノ酸の流れをチューブで示すと**(10)**のようになり、アミノ酸は伸びた状態でつながっています。この流れだけをリボン構造で示すと**(11)**のようにこの部分の立体的な特徴が見やすくなります。(8)や(11)で表現される構造を二次構造と言います。
(5)の構造の中の二次構造をトレースすると**(12)**のようになり、それをリボン構造で表現すると**(13)**のようになります。タンパク質の立体構造の特徴を簡単かつ正確に把握できる点から、(5)のように表現するより遥かに優れています。そこで、一般にタンパク質の立体構造を表すためには、(13)に示すリボン構造が最もよく使われます。

タンパク質の立体構造ー3

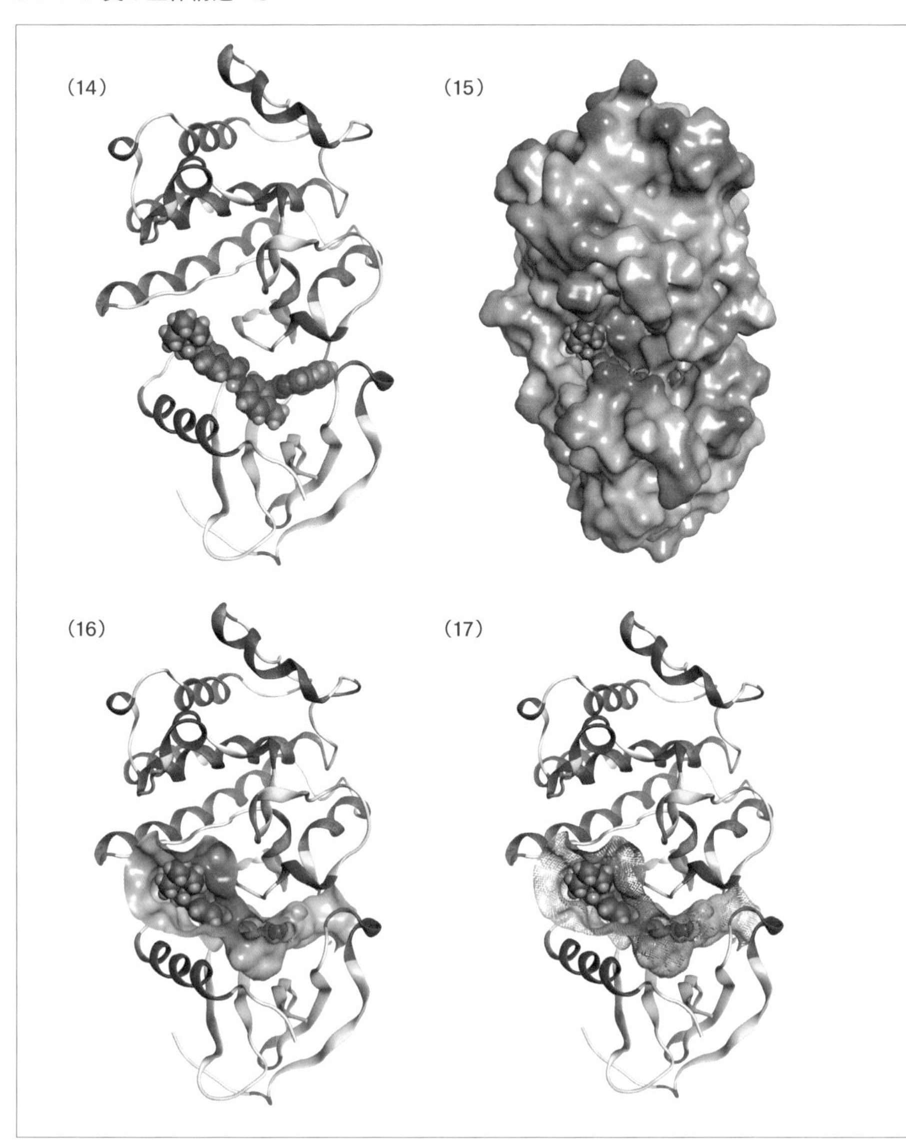

(14) に示すタンパク質はチロシンキナーゼの１種で、その働きを妨害するイマチニブという薬がこのタンパク質を阻害する様子が示されています。薬の働きを詳しく知るためには、どのような性質を持ったタンパク質表面にこの薬の分子が結合するのかを知る必要があります。
(15) にタンパク質の分子表面を示します。黄色の部分は疎水的な表面で、青色の部分は親水的な表面です。イマチニブがタンパク質のどのような性質を持った表面と相互作用するかがよく分かります。さらに、イマチニブが相互作用する表面のみを **(16)** のように表示すると、薬の働きのメカニズムがさらによく分かるようになります。
(17) のように表面をより分かり易くするためには、滑らかな曲面ではなく、点によって分子表面を表示する工夫もされています。

＊本書を書くために用いたソフトウェア
化学構造式は、ACD/Labs社のChemSketch(https://www.acdlabs.com/resources/free-chemistry-software-apps/chemsketch-freeware/)で書きました。
分子計算およびタンパク質の立体構造図作成には統合計算化学システム MOE（https://www.molsis.co.jp/lifescience/moe/)を用いました。π電子の分布および分子によって吸収される光の分布は Winmostar(https://winmostar.com/jp/) を用いて計算しました。

巻末付表

主な結合の結合距離と結合エネルギー

	結合距離 (pm)	結合エネルギー (k J/mol)		結合距離 (pm)	結合エネルギー (k J/mol)
H−H	74	436	C=C	134	620
H−C	110	414	C=N	127	615
H−N	98	393	C=O	121	745
H−O	94	460			
H−S	132	368	C≡C	120	812
H−Cl	127	427	C≡N	115	891
C−C	154	346			
C−N	147	276	F−F	141	154
C−O	143	351			
C−P	184	263			
C−S	181	255			
C−Cl	176	338			

おわりに

化学の世界への知的冒険の旅はいかがだったでしょうか？少し難しかったでしょうか？頑張って、とにかく6章まで通読した方々は、現代的な化学の基本的な物の考え方を立派に通覧できたと言えます。

気が付かれたかも知れませんが、本書では「私達が生命をより深く理解し、より良く生きるために、化学的知識を役立てる」上で知っておくべき基礎知識と基本的な化学的な物の考え方をまとめました。

私達が生きるということは、正に化学反応をしているということです。どのように物質変換が起こっているかを知ることは私達の生命活動の実相を知ることでもあります。普段私達は、私達の体に備わっている素晴らしいシステムに判断を委ね、基本的に「良きに計らえ」と言っていれば良いのですが、時に私達が意識的にその活動に介入する必要もあります。そうした時には適切な化学的判断を私達自身が直接することが求められますので、本書で学んだ化学的知識と化学的な考え方はきっと役に立つと思います。

私達は、食料品はもちろんのこと、洗剤、医薬品、パーソナル・ケア用品、化粧品等々、日常生活でたくさんの種類の化学物質を日々扱っています。私達自身を含め、身の回りにある物質のすべてが化学物質と言い切っても良いのです。それらは私達の生活を便利にそして快適にするためにあります。ところが、それらの化学物質は無原則的に役に立つのではなく、取り扱いを間違えると期待される効果が表れないどころか、時に思いもよらない害を与えることもあり、最悪の場合は人命にも関わる事故につながります。また環境汚染にもつながります。日常的に使う化学物質を適正に使うためには最低限の化学的知識が必要です。本書で学んだ化学の基礎知識や化学的な物の考え方は、日常的に使う多様な化学物質や化学製品の特性を理解し、賢く活用するための基盤としては十分です。個々の化学物質について考える時には、是非その知識や考え方を活用して下さい。

現代的な生物学、薬学、農学そして医学など、広い意味での生命科学は生命の分子レベルでの理解に基づいています。生命科学の問題に興味を持っているか、将来それらの道に進もうと考えている読者にとって、本書は非常にコンパクトな参考書の1冊になると思います。本書の中で繰り返し述べられている化学的な物の考え方は生命活動を分子レベルで理解する上では必須だからです。そうした読者が実際に生命科学の各分野に踏み込んでいくことを、本書はきっと後押しできると思います。

以上のことから分かるように、本書ではおもに有機化学を中心にした化学の話題を取り上げています。しかし、述べられている化学的な基礎知識や物の考え方は、無機化学等の他の化学分野を習う上でも重要な基礎ですので、本書を通読したことは決して無駄になっていません。水素燃料電池のお話をしましたが、無機化学、材料化学そして環境化学の問題を考える上でも、本書に述べられている基礎知識は大きな助けになるはずです。

もちろんこの小さな本で膨大な化学の全領域をカバーできるはずもありません。もし化学的な物の考え方あるいは化学が扱う物質の多様な性質に興味が湧きましたら、ぜひこれを機会にさらに一歩踏み出して、化学の世界を巡る知的な冒険の旅に出て頂きたいと思います。

本書は知的冒険の決して終わりではなく、始まりです。もし一度読んで分からないことがあったら、是非もう一度本書を読み直して冒険の旅を始める準備をして下さい。皆さん自身による素晴らしい化学の旅が始まることをお祈りします。

図版出典
・11ページ
（一社）草津温泉観光協会「西の河原露天風呂」
・25ページ図
Scanning transmission electron microscope image showing the hexagonal atomic structure of graphene.
Credit: Sarah Haigh, University of Manchester and Quentin Ramasse, EPSRC SuperSTEM Laboratory, Daresbury
https://www.scienceandindustrymuseum.org.uk/objects-and-stories/graphene
・37ページ上図
https://www.chemistrylearner.com/spin-quantum-number.html
・75ページ上図
https://www.researchgate.net/profile/Daniel-Hedman/publication/333353208_Single-Walled_Cabon_Nanotubes_A_theoretical_study_of_stability_growth_and_propertie theoretical-study-stability-growrh-and-properties.pdf
・237ページ
CCS株式会社　https://www.ccs-inc.co.jp/museum/column/light_color/vol2.html

平山令明　ひらやま のりあき

1948年、茨城県生まれ。1974年、東京工業大学大学院修了。ロンドン大学博士研究員、協和醗酵工業(株)東京研究所主任研究員、東海大学開発工学部教授、東海大学医学部教授、東海大学糖鎖科学研究所所長、東海大学先進生命科学研究所所長を経て、2022年から東海大学医学部客員教授。理学博士。現在のおもな研究課題は、コンピュータ科学を駆使した、より効果的で、より安全な医薬品の開発。さらに、人間のQOL向上につながる有用物質の探索・創製にも興味を持って研究活動を展開している。著書に『「香り」の科学』『暗記しないで化学入門』『熱力学で理解する化学反応のしくみ』『分子レベルで見た薬のはたらき 第2版』『はじめての量子化学』(いずれも講談社ブルーバックス)、『教養としてのエントロピーの法則』(講談社)などがある。

文系にもわかる

一気読み! 化学入門

2024年5月2日　初版第１刷発行

著者　平山令明

発行者　三輪浩之

発行所　株式会社エクスナレッジ

〒106-0032 東京都港区六本木7-2-26

https://www.xknowledge.co.jp/

問合わせ先　［編集］TEL03-3403-6796／FAX03-3403-0582

info@xknowledge.co.jp

［販売］TEL03-3403-1321／FAX03-3403-1829